科技农业
高效农业

肉用兔 90 天
出栏养殖法

陈宗刚　马永昌　编著

科学技术文献出版社
SCIENTIFIC AND TECHNICAL DOCUMENTATION PRESS
·北京·

图书在版编目(CIP)数据

肉用兔90天出栏养殖法/陈宗刚，马永昌编著．—北京：科学技术文献出版社，2013．6

ISBN 978-7-5023-7903-2

Ⅰ．①肉… Ⅱ．①陈… ②马… Ⅲ．①肉用兔-饲养管理 Ⅳ．①S829．1

中国版本图书馆CIP数据核字(2013)第095598号

肉用兔90天出栏养殖法

策划编辑：孙江莉 责任编辑：杜新杰 责任校对：梁桂芬 责任出版：张志平

出 版 者	科学技术文献出版社
地 址	北京市复兴路15号 邮编 100038
编 务 部	(010)58882938，58882087(传真)
发 行 部	(010)58882868，58882874(传真)
邮 购 部	(010)58882873
官方网址	http://www.stdp.com.cn
发 行 者	科学技术文献出版社发行 全国各地新华书店经销
印 刷 者	北京金其乐彩色印刷有限公司
版 次	2013年6月第1版 2013年6月第1次印刷
开 本	850×1168 1/32
字 数	160千
印 张	7.75
书 号	ISBN 978-7-5023-7903-2
定 价	19.00元

《肉用兔90天出栏养殖法》

编　委　会

主　编　陈宗刚　马永昌

副主编　印文俊　张志新

编　委　张　杰　张红杰　张春香　王守中
　　　　金　悦　曹　昆　李文洪　张殿祥
　　　　张瑞清　陈亚芹　李荣惠　杨志欣
　　　　何　英　杨亚飞　王　祥　袁久兰

前言

兔养殖不与人争粮，也不与猪、鸡争料。既适宜规模化养殖，更适宜千家万户散养。且投资少，周期短，收益高。近年来，各级政府部门将加快草食家畜发展作为畜牧业结构调整的重点，把“发展养兔，扶贫致富”列为农村家庭致富的饲养项目之一，从而促进了我国肉用兔生产。

兔肉具有“四高”（高蛋白、高赖氨酸、高烟酸、高消化率）、“三低”（低脂肪、低胆固醇、低热量）的特点，被专家列为美容、益智、增寿的最佳动物肉食品，符合当今社会肉食品消费潮流。兔皮色泽鲜艳，轻柔保暖，不易脱毛，是制作裘皮服装的理想原料之一，是国内外市场的畅销商品。

兔具有繁殖率高、饲养周期短、饲料转化率高、耐粗饲等特点，适合我国人多地少的国情。为了进一步提高我国广大养兔专业人员的基本知识和实际技术，促进我国肉用兔饲养逐步走向科学化、规范化，使广大肉用兔养殖场和养殖专业户获得最佳的经济效益和社会效益，笔者组织了多年从事相关行业的技术人员编写了本书，旨在为肉用兔养殖场、养殖户解决一些实际问题。

由于我国兔的资源和养殖经验丰富，地理差别大，生产和消费习惯迥异，本书难以概全，加之时间仓促，编著者水平所限,书中疏漏和错误之处恳请同行及广大读者批评指正,并对参阅相关文献的原作者在此表示感谢。

编　者

目　录

第一章 肉用兔养殖概述

兔养殖是畜牧业的重要组成部分，在我国有着悠久的历史。近年来，各级政府部门将加快草食家畜发展作为畜牧业结构调整的重点，把“发展养兔，扶贫致富”列为农村家庭致富的饲养项目之一，从而促进了我国肉用兔生产，兔肉产量逐年增加。除山东、四川、江苏、河北、河南、安徽、山西、陕西及东北三省等省原有的肉用兔生产基地之外，新疆、内蒙古、福建、云南、海南等养兔新区，也表现出了较强的发展势头，其中山东、四川、江苏、河北、河南、安徽等省饲养数量最多，占我国肉用兔存栏量的75%～80%。

随着我国肉用兔生产的迅速发展，兔肉销量也在不断增加。据统计，20世纪80年代之前，我国兔肉主要以外销为主，内销量较少。随着改革开放和人民生活水平的不断提高，兔肉越来越受到人们的欢迎，我国兔肉销售以国内市场为主、国际市场为辅的格局已基本形成。目前，兔肉内销量为总产量的80%～85%，出口量为总产量的15%～20%。

规模化饲养肉用兔是指仔兔断奶后集中饲养到90日龄，大型品种体重达到3千克左右、中型品种体重达到2.25千克左右、小型兔为2千克左右出栏供肉用的兔只。

第一节　肉用兔生产的特点

1. 选用优良品种

育肥兔的生产可有2条途径：一是优良品种直接育肥，即选择生长速度快的大型品种（如比利时兔、塞北兔、哈白兔等）或中型品种（如新西兰兔、加利福尼亚兔等）；二是经济杂交，用良种公兔和本地母兔或优良的品种交配（如比利时兔×虎皮黄兔，塞北兔×新西兰兔），获得优良特性的后代。一般来说，国外引入的品种与我国的地方品种杂交，均可表现一定的杂种优势。

2. 抓断奶体重

育肥速度的快慢在很大程度上取决于早期增重的快慢，即育肥期与哺乳期密切相关。凡是断奶体重大的仔兔，育肥期的增重就快，容易抵抗断奶的应激。而断奶体重越小，断奶后就越难养，育肥增重就越慢。因此，仔兔30天断乳时，中型兔体重在500克以上、大型兔体重在600克以上。这就要求提高母兔的泌乳力，抓好仔兔的补料，调整仔兔体重和母兔所哺育的仔兔数。

3. 过好断乳关

仔兔断乳后进入育肥期，环境和饲料的过渡很重要。如果处理不好，在断乳后2周左右可能大批发病、死亡，并造成增重缓慢，甚至停止生长或减重。断乳后，需要改变笼子，同胞兄妹不可分开。断乳后1～2周饲喂断乳前的饲料，以后逐渐过渡到育肥料。否则，突然改变饲料，2～3天出现消化系统疾病。

4. 实行直线育肥

由于肉用兔的育肥期很短，从断奶(30 天)到出栏仅 60 天左右。因此，要改变过去的“先吊架子后填膘”的传统育肥方法，实行直线育肥。仔兔断乳后，不再以饲喂青饲料和粗饲料为主，应保持较高的营养水平，保证幼兔快速生长的营养需要。

有人主张小公兔去势育肥，调查中发现，小公兔不去势育肥效果更好。因为公兔的性成熟在 3 月龄以后，此前它们的性行为不明显，不会影响增重；相反，睾丸分泌的少量雄性激素会促进蛋白质的合成，加速兔子的生长，提高饲料的利用率。调查中发现，在 3 月龄以前，小公兔的生长速度大于小母兔，这也说明了这一问题。另外，无论采取刀骟也好，药物去势也好，由于伤口或药物刺激所造成的疼痛，以及睾丸组织的破坏和恢复，都将影响其生长发育。

5. 适当使用添加剂

在日常生产中，除了满足育肥兔在能量、蛋白、纤维等主要营养的需求外，还可适当使用添加剂。如稀土添加剂具有提高增重和饲料利用率的功效；腐殖酸添加剂可提高肉用兔生产性能；酶制剂可帮助消化，提高饲料利用率；抗氧化剂不仅可防止饲料中一些维生素的氧化，也具有提高增重、改善肉质品质的作用。

维生素、微量元素及氨基酸添加剂对于提高育肥效果起到举足轻重的作用，添加剂总量以控制在饲料量的 1%左右为宜。

6. 营造良好环境

育肥效果在很大程度上取决于温度、湿度、密度、通风和光照等因素。因此，生产中要尽量为其创造适宜的生长环境。

7. 使用颗粒饲料

据试验，饲喂颗粒饲料比饲喂粉料在同期内可多增重8%～13%，饲料利用率提高5%以上。因此，生产上要使用颗粒饲料。

8. 自由采食和饮水

定时定量、少喂勤添，还是让兔随意吃饱吃足，人们有不同的看法。过去传统养兔，多采取前者。但近年来的研究表明，让育肥兔自由采食，可保持较高的生长速度。只要饲料配合合理，不会造成育肥兔的消化不良、过食等现象。

自由采食适于饲喂颗粒饲料，而粉料拌水法，实行自由采食有很多不便之处，特别是饲料的霉变不易解决。

9. 控制疾病

育肥期主要疾病是球虫病、腹泻和肠炎、巴氏杆菌病及兔瘟。球虫病是育肥期的主要疾病，尤以6～8月份多发，要采取药物预防、加强饲养管理和搞好卫生工作相结合；腹泻和肠炎的预防主要是饲料合理搭配，搞好饮食卫生和环境卫生；预防巴氏杆菌病一方面要搞好兔舍的卫生和通风换气，加强饲养管理，另一方面在疾病的多发季节适时进行药物预防；再就是定期注射疫苗；兔瘟只有注射疫苗才可控制。

10. 适时出栏屠宰

肉用兔是早熟家畜，3月龄前增重快，4月龄以后由于性器官发育,生长速度明显减慢。因此,当肉用兔 90 日龄,大型品种体重在 3 千克左右,中型品种体重在 2.25 千克左右、小型兔体重在 2 千克左右时及时出栏。

第二节　适合养殖的肉用兔品种

肉用兔品种的优劣,直接关系到肉用兔生产水平的高低和经济效益的好坏。所以,选择生产性能优良的肉用兔品种是提高养兔经济效益的首要措施。了解肉用兔品种的基本知识,有利于引种、保种以及正确的饲养管理和经营管理,从而获得最佳的经济效益。

下面介绍常见的肉用兔品种特点,供养殖选择时参考。

1. 比利时兔

比利时兔是改良型的大型肉用兔品种。

(1)外貌特征:该兔种被毛呈黄褐色或栗壳色,毛尖略带黑色,腹部灰白,两眼周围有不规则的白圈,耳尖部有黑色光亮的毛边。眼睛为黑色,耳大而直立,稍倾向于两侧,面颊部突出,脑门宽圆,鼻骨隆起,类似马头,俗称"马兔"。

(2)生产性能:该兔种体型较大,仔兔初生重 60～70 克,最大可达 100 克以上,6 周龄体重 1.2～1.3 千克,3 月龄体重可达 2.3～2.8 千克。繁殖力强,平均每胎产仔 7～8 只,最高可达 16 只。

(3)主要优点:该兔种生长发育快,适应性强,泌乳力高。比利时兔与中国白兔、日本大耳兔杂交,可获得理想的杂种优势。缺点是饲料利用率较低,易患脚癣和脚皮炎等。

2. 塞北兔

塞北兔主要分布于河北、内蒙古、东北及西北等省区。

(1)外貌特征：该兔种毛色以黄褐色为主，其次是纯白色和少量黄色；一耳直立，一耳下垂，或两耳均直立或均下垂。头略粗而方，鼻梁上有黑色山峰线，颈粗短。体躯匀称，肌肉丰满，发育良好。

(2)生产性能：该兔种体型较大，仔兔初生重60～70克，30日龄断奶体重可达650～1000克，一般饲养管理条件下，90日龄体重可达3千克。繁殖力强，每胎产仔7～8只，高者可达15～16只。

(3)主要优点：该兔种体型较大，生长较快，繁殖力较高，抗病力强，发病率低，耐粗饲，适应性强，性情温驯，容易管理。缺点是毛色、体型尚欠一致。

3. 哈白兔

哈白兔种系由多品种杂交选育而成。

(1)外貌特征：全身被毛洁白，毛密柔软，眼睛红色，耳宽长而直立，前后躯发育匀称，上肢强健，体型较大。

(2)生产性能：该兔种属大型肉用兔品种。仔兔初生体重60～70克，70日龄平均体重2.5千克，90日龄体重3.5～3.8千克。繁殖力强，每胎产仔8～10只，育成率达85%以上。

(3)主要优点：该兔种遗传性稳定，耐寒、耐粗饲，适应性强，饲料转化率高，生长发育快，产肉力高，皮毛质量好。

4. 新西兰兔

新西兰兔是近代最著名的优良肉用兔品种之一，世界各地均有饲养。

(1)外貌特征:该兔种有白色、黑色和红棕色3个变种。目前饲养量较多的是新西兰白兔,被毛纯白,眼呈粉红色,头宽圆而粗短,耳宽厚而直立,臀部丰满,腰肋部肌肉发达,四肢粗壮有力,具有肉用品种的典型特征。

(2)生产性能:该兔种体型中等,最大的特点是早期生长发育较快。在良好的饲养条件下,8周龄体重可达1.8千克,10周龄体重可达2.3千克。繁殖力强,平均每胎产仔7～8只。

(3)主要优点:该兔种产肉率高,肉质良好,适应性和抗病力较强。缺点是毛皮品质较差,利用价值低。但用新西兰白兔与中国白兔、日本大耳兔、加利福尼亚兔杂交,则能获得较好的杂种优势。

5. 加利福尼亚兔

加利福尼亚兔是现代著名肉用兔品种之一,世界各地均有饲养,饲养量仅次于新西兰白兔。

(1)外貌特征:该兔种被毛为白色,鼻端、两耳、尾及四肢下部为黑色,故称“八点黑”。幼兔色浅,随年龄增长而颜色加深。冬季色深,夏季色淡。耳小直立,颈粗短,肩、臀部发育良好,肌肉丰满,眼呈红色。

(2)生产性能:该兔种体型中等。仔兔初生重60～70克,6周龄体重达1～1.2千克,3月龄体重可达2.5千克以上。繁殖力强,平均每胎产仔7～8只。

(3)主要优点:该兔种早熟易肥,肌肉丰满,肉质肥嫩,屠宰率高。母兔性情温驯,泌乳力高,是有名的“保姆兔”。缺点是生长速度略低于新西兰兔,断奶前后饲养管理条件要求较高。

6. 大耳白兔

该兔是由中国白兔与日本兔杂交育成的优良皮肉兼用型品种。

(1)外貌特征:该兔种以耳大、血管清晰而著称。被毛紧密,毛色纯白,针毛含量较多。眼睛为红色,耳大直立,耳根细,耳端尖,形似柳叶状。母兔颌下有肉髯。

(2)生产性能:该兔种可分为大型兔(体重 5～6 千克)、中型兔(3～4 千克)、小型兔(2～2.5 千克)3 个类型。我国饲养较多的为大型兔,仔兔初生重 60 克左右,3 月龄体重 2.2～2.5 千克。年产 5～7 胎,每胎产仔 8～10 只,最高达 17 只。

(3)主要优点:该兔种早熟,生长快,耐粗饲,肉质好,皮张品质优良。母性好,繁殖力强,常用作“保姆兔”。缺点是骨架较大,胴体不够丰满,屠宰率、净肉率较低。

7. 青紫蓝兔

该兔因毛色类似青紫蓝绒鼠而得名,是世界著名的皮肉兼用兔种。

(1)外貌特征:该兔种被毛整体为蓝灰色,耳尖及尾面为黑色,眼圈、尾底、腹下和后额三角区呈灰白色。单根纤维自基部至毛梢的颜色依次为深灰色、乳白色、珠灰色、雪白色和黑色,被毛中夹杂有全白或全黑的针毛,眼睛为茶褐色或蓝色。

(2)生产性能:仔兔初生重 50～60 克,3 月龄体重达 2～2.5 千克。繁殖力较强,每胎产仔 7～8 只。

(3)主要优点:该兔种毛皮品质较好,适应性较强,繁殖力较高,在我国分布很广,尤以标准型和美国型饲养量较大。缺点是生长速度较慢。

8. 公羊兔

公羊兔又名垂耳兔，因其两耳长宽而下垂，头型似公羊而得名，是一个大型肉用品种。性情温顺，不爱活动，因过于迟钝，故有人称其为“傻瓜兔”。

(1)外貌特征：被毛颜色以黄色者居多。头粗糙，眼小，颈短，背腰宽，臀圆，骨粗，体质疏松肥大。

(2)生产性能：该兔种早期生长发育快，40 天断奶重可达 1.5 千克，成年体重 6～8 千克，最高者可达 9～10 千克。耐粗饲抗病力强，易于饲养。其繁殖性能低，主要表现在受胎率低，哺育仔兔性能差，产仔少。

(3)主要优点：该兔种与比利时兔杂交，效果较好，二者都属大型兔，被毛颜色比较一致，杂交一代生长发育快，抗病力强，经济效益高。缺点是受胎率低，哺乳能力不强。

9. 齐卡肉用兔

由德国 ZIKA 家兔育种中心育成，是当前世界上著名的肉用兔配套品系之一。我国在 1986 年由四川省畜牧兽医研究所首次引进、推广并试验研究。

(1)外貌特征：全身洁白，眼呈粉红色，后躯较高，四肢粗大，胴体背腰宽，后躯肌肉丰富。属巨型兔，发育早，生长快，适应性好，抗病力强等。

(2)生产性能：标准化饲养条件下，仔兔出生体重 70～90 克，成年兔体重 6～8 千克，73 日龄平均体重达 2.5～3 千克，肉质细嫩。每胎平均产仔 8～16 只。经研究表明，齐卡肉用兔是集约化、规模化养殖的理想肉用兔品种。

(3)主要优点：该兔种具有生长快、成熟早、体型大、繁殖力强和适应性好的特点。缺点是繁殖性能一般。

10. 丹麦白兔

该兔又称兰特力斯兔，是近代著名的中型皮肉兼用型兔。

(1)外貌特征：该兔种被毛纯白，柔软紧密。眼红色，头较大，耳较小、宽厚而直立，口鼻端钝圆，额宽而隆起，颈粗短，背腰宽平，臀部丰满，体型匀称，肌肉发达，四肢较细。母兔颌下有肉髯。

(2)生产性能：该兔种体型中等，仔兔初生重 45～50 克，6 周龄体重达 1～1.2 千克，3 月龄体重 2～2.3 千克，繁殖力高，平均每胎产仔 7～8 只，最高达 14 只。

(3)主要优点：该兔种毛皮优质，产肉性能好，耐粗饲，抗病力强，性情温驯，容易饲养。缺点是体型较其他品种偏小而体长稍短，四肢较细。

11. 花巨兔

花巨兔原产于德国，由比利时兔和佛兰德兔等品种杂交育成。

(1)外貌特征：该兔种鼻、嘴环、眼圈及耳朵为黑色，从颈至尾根沿背有黑色长条背线，体两侧有对称蝶状斑块，其余被毛为白色。体型高大，体躯较长，呈现弓型。骨筋较粗重，腹部距地面较高。

(2)生产性能：成年兔平均体重为 5～6 千克。性情活泼，行动敏捷，善于跳跃。繁殖力较强，每胎平均产仔 11～12 只，最高可达 17～19 只。

(3)主要优点：该兔种体型大，幼兔生长发育快。缺点是母性不强，泌乳力不好，毛色的遗传不稳定，繁殖中常出现灰色和黑色个体。

12. 中国白兔

中国白兔又称菜兔，是世界上较为古老的优良兔种之一，分布于全国各地。

(1)外貌特征：该兔种体型较小，全身结构紧凑而匀称。被毛洁白，短而紧密，皮板较厚。头型清秀，耳短小直立，眼为红色，嘴头较尖，无肉髯，该兔种间有灰色或黑色等其他毛色，杂色兔的眼睛为黑褐色。

(2)生产性能：该兔种为早熟小型品种，仔兔初生重 40～50 克；30 日龄断奶体重 300～450 克，3 月龄体重 1.2～1.3 千克。繁殖力较强，年产 4～6 胎，平均每胎产仔 6～8 只，最多达 15 只以上。

(3)主要优点：该兔种早熟，繁殖力强，适应性好，抗病力强，耐粗饲，是优良的育种材料，肉质鲜嫩味美。缺点是体型较小，生长缓慢，产肉力低，皮张面积小。

13. 虎皮黄兔

该兔又称太行山兔或狐皮黄兔，属中型优良皮肉兼用的地方优良品种。

(1)外貌特征：该兔种体质紧凑结实，背腰宽平，后躯发育良好，四肢粗壮，肢势端正。该兔有黄色和稍带黑色毛尖的黄色两种。黄色兔全身被毛基部为白色，中部为黄色，毛尖为红棕色；眼为棕褐色，眼圈为白色。带黑色毛尖兔，背、后躯、两耳上缘、鼻端及尾背部毛尖为黑色；眼及触须为黑色。

(2)生产性能：该兔种分标准型和中型两种。标准型成年公兔平均 3.87 千克，母兔 3.54 千克。中型成年公兔平均 4.31 千克，母兔平均 4.37 千克。年产 5～7 胎，胎均产仔 8.2 只。

(3)主要优点：该兔种耐寒，粗饲，抗病力和适应性特别强，遗传性能稳定，繁殖力高，母兔母性好；泌乳力强。被毛黄色，利用价值较高。

14. 安阳灰兔

安阳灰兔是我国肉皮兼用中型肉用兔品种。

(1)外貌特征：该兔种全身被毛青灰色，富有光泽，毛密度中等。头型清秀，大小适中，呈椭圆形。耳长而宽为各品种所不及。眼睛大而有神，呈靛蓝色。部分成年母兔有明显的肉髯。

(2)生产性能：该兔种早期生长快，3 月龄可达 2 千克以上。年产仔兔 4～6 胎，每胎平均 8 只左右，最多 16 只。

(3)主要优点：该兔种耐粗饲，具有较强的抗寒、耐热及抗病力。

15. 中华黑兔

中华黑兔是由我国专家培育出的肉用兔品种。

(1)外貌特征：该兔种体表特征为黑耳、黑眼、黑爪、黑毛、黑尾巴，浑身乌黑发亮。体型中等。

(2)生产性能：该兔种母性强，繁殖率高，年产 5～8 胎，平均胎产仔 7～9 只，多者达 16 只，初生仔兔只重 50～60 克。成年公兔体重 3～4 千克，母兔休重 3.5～4.5 千克。

(3)主要优点：该兔种适应性强，耐粗饲，前期生长快，遗传性能稳定。

16. 野麻兔

野麻兔是选用肉用兔杂交改良培育成功的皮肉兼用新品种。

(1)外貌特征：该兔种头小，耳朵长，呈黑色。成年兔四肢健壮、修长，后腿长而强劲有力，敏捷，善于奔跑，胆小。一般体长35～43厘米，尾长7～9厘米。毛色颜色比较暗，以灰色、蓝灰色为主，夹杂星点黄色，体背棕土黄色，背脊有不规则的黑色斑点。尾背毛色与体背面腹毛为淡土黄色、浅棕色或白色，其余部分是深浅不同的棕褐色。夹杂星点黄色；毛较长，蓬松，质地柔软。

(2)生产性能：该兔种繁殖快，1只母兔年可繁殖8胎，每胎产仔8只以上。泌乳力强、成活率高，30天断奶仔兔体重可达0.75千克，90日龄体重2～4千克。

(3)主要优点：该兔种适应性广，耐粗食，耐热、抗寒。对寄生虫病、真菌病、肠疾病有独特的抗逆功能，是当今肉用兔中抗疾病特强的新品种。

17. 喜马拉雅兔

喜马拉雅兔是一个广泛饲养的优良肉用兔品种。

(1)外貌特征：该兔种被毛白色，短密柔软，耳、鼻、四肢下部及尾巴为纯黑色。体型紧凑，眼淡红色。

(2)生产性能：该兔种繁殖力高，窝平均8～12只；成年重2.7～3.1千克。

(3)主要优点：该兔种体质健壮，耐粗饲；抗病力强；遗传性稳定，是一个良好的育种材料。

第三节　肉用兔生产中应注意的问题

肉用兔生产是我国传统的饲养业之一，有悠久的历史和广阔的发展前景。近年来，我国的肉用兔饲养业发展迅猛，是广大农村最易起步的高效饲养产业之一，是农民勤劳致富的好门路。但我国各地的自然条件和经济水平差异很大，发展肉用兔生产，必须以市场为导向，结合当地实际情况，采取适宜的发展模式，以期获得最佳的经济效益。

1. 学习养兔知识

近年来我国养兔业发展速度很快，但仍处在副业生产的定位上，特别是农户小型养兔场多缺乏先进的科学意识和技术措施。因此，要提高肉用兔的生产水平，必须学习科学养兔知识，采用科学手段和先进技术，尤其是肉用兔良种选育、杂交组合、饲料搭配、饲养管理和疾病防治等科技知识，实行标准化、科学化饲养，以达到优质、高产、高效的目的。

2. 采用颗粒饲料

目前，我国肉用兔的饲养水平与先进国家相比，还处于“有啥吃啥”的状态。不仅饲养期长，饲料报酬低，而且单产低，产品质量差。近年来，广大农村由于粮食丰收有余，不少养兔户利用原粮（稻米、玉米、小麦等）饲喂兔，不仅浪费了粮食，兔也没养好，甚至导致多种疾病。

据试验，兔有喜吃颗粒饲料的习惯，而且表现为饲料利用率高，浪费少。因此，应该根据肉用兔的营养需要和饲养标准，生产全价颗粒饲料，以满足肉用兔的不同生产类型和生理阶段的需要。

3. 树立商品意识

近年来，我国的养兔业已经经历了市场经济的洗礼，增强了商品观念和风险意识。过去，我国的肉用兔市场主要在国外，多以初级产品形式出现，一旦国际市场疲软，国内生产必然滑坡，使养兔生产永远处于高峰—低谷—高峰—低谷的循环怪圈。养兔要丰收成为大产业，不仅需要先进的科学技术，而且还要树立商品生产意识。如果不能很好地解决肉用兔产品的加工、销售和市场开发问题，产前、产后矛盾突出，就难以实现增值增效的目的。

4. 开展综合利用

肉用兔的主要产品有兔肉、兔皮、兔粪和内脏，为了巩固和发展我国的养兔业，应进行兔产品的综合开发利用，以适应市场经济的需要。兔肉除用于满足传统的外贸出口之外，必须立足于国内市场的开发和综合加工利用。对兔皮和兔内脏要进行深度加工，综合利用，已达到增值增效的目的。

第二章　肉用兔场的规划与建设

规模饲养肉用兔必须在村外建场养殖，以免畜群间疾病的相互感染。

第一节　肉用兔的生产计划

发展肉用兔生产具有投资少、周期短、见效快的特点，是广大农村发展高效农业、高效畜牧业的优选项目之一。但在养兔生产中如何获得好的经济效益，才是养殖者应该关注的问题。所以，肉用兔场在经营开始，首先要确定饲养规模、年生产批次、采取何种管理方式等，即因地制宜地确定经营和饲养管理方案，然后再规划兔舍，安排设备各方面的投资等。

一、饲养规模

养殖肉用兔的数量，要因人而异、因地而异、因时而异。养殖场地大，资金雄厚，已具备一定的养兔技术和管理能力，当地资源丰富，可以多养；反之，人力、物力、财力和饲养管理能力均不具备，则开始的规模不要太大。

笔者建议刚学习肉用兔的养殖者，小规模可以从养基础母兔 30～50 只开始，专业性小型养兔场规模以饲养种兔 100～300 只为宜，中型养兔场以 500～800 只种兔为宜。饲养规模过小，经济效益不高；饲养规模过大，如果资金、人力、物力条件达不到要求，饲养管理水平粗放，良好的生产潜力不能充分发挥，不仅效益低，而且容易诱发多种疾病，造成巨大的经济损失。

二、养殖模式

近几年，全国各地肉用兔模式总结起来大致有 3 种。第一种是自繁自养模式，第二是专业合作社模式，第三是龙头企业模式。

1. 自繁自养模式及特点

采用自繁自养生产模式，即养殖户引进健康的良种公母兔繁殖仔兔，育肥仔兔出栏。自繁自养生产模式既可防止因大批采购商品仔兔而引入疫病，造成疫病流行，又可防止因运输商品仔兔而发生应激，导致生长发育受阻。产品自行销售，随时出栏。具有一定资金、技术、种植业面积、地理条件又适宜饲养肉用兔的养殖户既可充分发挥资金、技术、劳动力的最大作用，又能同时搞好种植业。但有时可能出现卖兔难、养殖技术咨询难等问题。

2. 专业合作社模式

专业合作社模式以实施订单养殖，提供（赊销）种兔、饲料、药物等生产资料，并优质优价、保护价收购商品肉用兔的方式紧密联系养殖户。

3. 龙头企业模式

龙头企业模式，即肉用兔加工企业以实施订单收购，并优质优价、保护价收购商品肉用兔的紧密方式联系农户或专业合作社，实施“龙头企业＋农户”或“合作社＋农户”或“龙头企业＋合作社＋农户”的发展模式。

龙头企业模式具有以下特点：

(1)签订合同：企业与养殖户签订种兔供应合同、饲料供应合同，负责养殖户的技术培训、信息指导、饲养管理技术、经营理念等培训，并与养殖户签订产品收购合同。

(2)确定保护价：企业与养殖户签订最低保护价(“完全成本＋平均利润”)收购合同。

(3)实施二次返利：为调动养殖户实施标准化生产，规范管理，健康养殖的积极性，保护养殖者的养殖利益，年终企业对养殖户实施二次返利，返利的费用用于养殖户改(扩)建兔舍及粪污处理设施等。

三、管理模式

断乳前的仔兔除人工喂乳以外，必须由母兔抚养，断乳后，除选留的后备兔外，全群转入育肥舍(笼)进行育肥饲养直至出栏。

四、每年养殖批次

家兔一年四季均可发情配种。只要提供必要的环境条件，其繁殖效果没有根本的区别，这为人工养殖提高家兔的繁殖率奠定了基础。但是，在粗放的条件下，由于家兔受到自然环境的影响，不同季节的发情和受胎率有明显的不同。春季的繁殖力最高，秋季次之，夏季和冬季较低。不同的地区也有较大的差别。

家兔不仅多胎(1 年一般可产 5～6 胎。在条件较好的情况下，可达8胎以上），而且高产、妊娠期短（一般为31天）。一般胎均产仔7～8只，10只以上也为数不少，多者可产20只以上。因此，母兔的多胎性决定着每年肉用兔的养殖批次。

五、养殖管理方式

肉用兔的饲养方式，根据各地具体情况大体可分为笼养、栅养和洞养等，其中以笼养最为理想。

1. 笼养

根据各地经验，笼养是最理想的一种养兔方式。笼养的优点是饲养管理比较细致，可以定时、定量供给饲料；便于隔离饲养，可以减少疾病传播。缺点是笼舍设备造价较高，管理费时。

笼养根据笼位存放地点，可分为室内笼养（图2-1）和室外笼养（图2-2）2种。室内笼养就是修建正规兔舍或简易兔舍，把兔笼存放在室内，其主要优点是夏季易防暑，冬季易防寒，雨季易防潮，平时易防兽害。室外笼养就是把兔笼放置在室外，笼顶设置遮雨设施，笼内养兔。优点是通风良好，但防暑、防寒、防潮、防敌害等不及室内笼养。

2. 栅养

栅养（图2-3）即小群饲养，一般在室外空地或室内用竹片、木棍或铁丝网围成栅圈，栅内设置采食和饮水器具，每圈占地8～10平方米，养兔20～30只。栅养的优点是饲养成本较低，管理方便，能使兔获得充分运动，促进生长发育。缺点是不能定量饲喂，传染病较难控制，容易发生咬斗现象。

图 2-1　室内笼养

图 2-2　室外笼养

3. 洞养

洞养是把兔群饲养在窑洞或山洞里，适于高寒、干燥地区使用。优点是四季温度变化不大，不足之处是窑洞清扫和消毒起来不方便，容易感染各种疾病。

图 2-3　栅养

第二节　肉用兔场规划

随着我国经济的发展,"安全肉"是近年来人们最为关心的话题。农业部颁布了一系列无公害食品行业标准,包括了无公害肉兔生产和无公害兔肉质量标准,因此,规模化养殖肉用兔,兔舍建造是无公害肉用兔生产的重要基础,选择兔场场址,既需要考虑肉用兔的生活习性,还需要考虑建场地点的自然和社会条件,理想的兔场场址包括选择场址、规划与布局、工艺设备、兔舍建筑等方面。

1. 场址选择

(1)地势:建造兔场的地势应该高一些,地下水位 2 米以下;背风向阳,避开产生空气涡流的山坳和山谷;地面平坦或稍有坡度(坡度为 1°～3°);地形开阔、整齐,不要狭长和边角过多;可以利用林带、山岭、河川、河沟作为场界和天然屏障;

一只种母兔按 1～1.5 平方米建筑面积计算，规划占地 3～5 平方米；一只肉用兔按 0.12～0.2 平方米建筑面积计算，规划占地 0.3～0.5 平方米。

(2)土质：场区土质根据当地自然条件选择，最理想的土质是沙壤土，因为沙壤土颗粒大，容易渗水，有利于保持兔舍干燥，防止发病，还利于操作。另外，沙壤土强度大，有助于承受兔舍对地面的压力，即使在冬季气温低、土壤结冻或化冻时墙基也不至于变形和下沉，延长使用年限。

(3)水源充足卫生：一般兔场的需水量比较大，如肉用兔饮水、兔舍笼具清洁卫生用水以及日常生活用水等，必须要有足够的水源。同时，水质状况如何，将直接影响肉用兔的健康。因此，水源及水质应作为兔场场址选择优先考虑的一个重要因素。水量不足将直接限制肉用兔生产，而水质差，达不到应有的卫生标准，同样也是肉用兔生产的一大隐患。

生产和生活用水应清洁无异味，不含过多的杂质、细菌和寄生虫，不含腐败有毒物质，矿物质含量不应过多或不足。较理想的水源是自来水和卫生达标的深井水；江河湖泊中的流动活水，只要未受生活污水及工业废水的污染，稍作净化和消毒处理，也可作为生产生活用水。

(4)交通方便：肉用兔生产过程中形成的有害气体及排泄物会对大气和地下水产生污染，因此，兔场需要建在居民区之外，至少与居民区保持 0.5 千米以上的距离；风向处于居民区的下风向，地势低于居民区，避开居民区污水排出口；远离化工厂、屠宰场、制革厂、畜禽交易市场等容易造成环境污染或传播疾病的地方。

兔场建成投产后，物流量比较大，如草料等物资的运进，兔产品和粪肥的运出等，对外联系也比较多，若交通不便，则会给生产和工作带来困难，甚至会增加兔场的开支。但需要远离交通要道 1 千米以上。如果设隔离墙或树林等天然屏障，距离可以缩短至 0.5 千米，距一般道路 0.5 千米以上。

(5)其他：规模化兔场，特别是集约化程度较高的兔场，用电设备比较多，对电力条件依赖性强，兔场所在地的电力供应应有保障。同时，兔场场地周围要有一定面积的土地用作兔用饲料生产基地。

2. 兔场规划布局

兔场场址选定后，特别是规模化兔场要根据兔群的组成，饲养工艺要求，喂料、清粪等生产流程，当地的地形、自然环境和交通运输条件等进行兔场总体布置。总体布置是否合理，对兔场基建投资，特别是对以后长期的经营费用影响极大，搞不好还会造成生产管理紊乱，兔场环境污染和人力、物力、财力的浪费。兔场总体布置与其他畜牧总体布置一样，都应设有分区、布局、朝向、间距、道路等问题。

(1)兔场的分区与布局：规模化兔场应分为生产区、饲料加工区、管理区和隔离区 4 个区。

①生产区：生产区又分为繁殖区和肉用兔生产区。厂区与外界应该有专用道路连通，根据饲养规模确定厂场道路的宽窄。中型以上的养殖场场区内主干道 5.5～6 米，支干道 2.5～3 米，所有道路应该坚实，排水良好；场内道路分净道和污道，净道不能与污道连用或交叉；隔离区必须有单独的道路与外界相通。

种公、母兔（核心兔群）舍，要放在僻静、环境最佳的上风方位；繁殖兔舍靠近肉用兔舍，以方便兔群周转。

②饲料加工区：主要包括饲料原料仓库、加工车间和饲料成品仓库等，位于厂区入口附近，距生产区30米以上，距隔离区50米以上，饲料加工区内所有地面都应该经过水泥硬化处理。

③管理区：包括工作人员办公设施、生活设施、实验室、防疫消毒设施等，要位于全场的上风向和地势比较高的地段，距离生产区和饲料加工区30米以上。

④隔离区：包括兽医室、病兔隔离舍、病死兔处理间和粪尿处理设施等，要建在下风和地势比较低的地方，并且尽量远离生产区，距离至少50米以上。

(2)兔舍的朝向和间距：兔舍布置一般采取南北向，若夏季为南风，从单栋兔舍来看，南北向兔舍自然通风与采光条件均较好，兔舍长轴与风向垂直时，后排兔舍受到前排兔舍阻挡，通风效果较差。如果能使兔舍长轴与主导风向成30°～60°的角度，兔舍间距可缩短至3～5米。

第三节　兔舍建设

理想的兔舍，是搞好肉用兔生产的重要基础条件。兔舍建筑合理与否，直接影响肉用兔的健康、生产力的发挥和养兔者劳动效率的高低。兔舍建筑是养兔生产的前期工作，至关重要，因而对兔舍建筑的目的必须非常明确。

一、兔舍建筑的基本要求

兔对环境影响的反应十分敏感，环境因素的不良刺激可以直接影响肉用兔的生产力，改变着肉用兔的生理状态、新陈代谢、激素分泌、饲料消耗、生长发育、性成熟、生活能力、活动方式、繁殖哺乳和泌乳状况等，环境变化越大，时间越长，影响就越大。在肉用兔生产中，彻底消除应激因素的影响是不可能的，但是可以减少和控制环境的不良影响。规模化养殖肉用兔，如能够为肉用兔提供稳定适宜的兔舍环境，能使肉用兔每年产仔提高到 8～10 窝，可明显提高肉用兔的生产效益。

1. 环境要求

影响兔舍环境的因素很多，诸如温度、湿度、通风、光照、噪声、灰尘及绿化等。

(1)温度：温度对兔的生长发育、性成熟、繁殖力、肥育性能及饲料利用率等都有影响。初生仔兔适宜温度一般为 30～32℃，1～4 周龄兔 20～30℃，生长兔 15～25℃，成年兔 15～20℃。舍内温度超过 30℃或低于 5℃，对幼兔的生长发育，种兔繁殖和产仔都会带来不利影响，持续高温(35℃以上)和低温(0℃以下)，则可导致大兔中暑，小兔冻害死亡。

生产实践证明，兔生活在适宜温度范围内，能处于最佳生理状态和表现出良好的经济性能。对肉用兔来讲，高温环境要比低温更为不利，高温可引起食欲下降，消化不良等；低温则会影响肉用兔的生长发育，增加饲料消耗。

(2)湿度：兔舍内相对湿度以 60%～65%为宜，一般不应低于 55%或高于 70%。湿度过大易引起疥癣、球虫病、湿疹等；湿度过小可引起呼吸道黏膜干燥，导致细菌、病毒感染发病。要加强通风，降低舍内饲养密度，及时清理粪尿和垫草，以降低舍内湿度。

(3)通风：通风是调节兔舍内温、湿度的好方法，通风还能排出舍内废气和有害气体，有效地减少呼吸道疾病的发病率，但是应该根据兔场所在地区的气候、季节、饲养密度等严格控制通风量和风速。

兔舍有害气体允许浓度，氨的浓度要求每立方米小于30毫升，二氧化碳的浓度要求每立方米小于3500毫升，硫化氢的浓度要求每立方米小于10毫升。

兔舍通风方式一般可以分为自然通风和机械通风两种。生产实践中，一般小型兔场常用自然通风方式，排气孔面积为地面面积的2%～3%，进气孔为地面面积的3%～5%。大、中型兔场可以采用抽气式或送气式的机械通风，这种方式多用于炎热的夏季，是自然通风的辅助形式。夏天空气流速以每秒0.4米、冬天以每秒不超过0.2米为合适。据测定，饲养在通风良好兔舍内的育肥兔，其生长速度比通风不好的兔舍内要提高40%～50%。

另外，控制有害气体时，要及时清除粪尿，减少舍内水管、饮水器的渗漏，经常保持兔笼底网的清洁干燥。

(4)光照：肉用兔对光照的反应不是很敏感，目前对兔舍光照控制主要是控制光照时间，繁殖母兔每天光照14～16小时，种公兔可以稍微短一些，每天光照8～12小时，仔兔、幼兔需要的光照比较少，尤其是仔兔一般8个小时的弱光就可以了，育肥兔光照8～10小时。普通兔舍应该在靠近门窗的地方提供光照，一般就不需要补充光照了，但是不要让阳光直接照在兔体上。

(5)噪声：肉用兔胆小怕惊，突然的噪声可以引起妊娠母兔流产、哺乳母兔不让哺乳，甚至把仔兔吃掉等严重后果。因此，修建兔场时场址要选在远离公路、工矿企业；饲料加工车间应远离生产区；选用换气扇，噪音要小；饲养人员日常操作动作要轻稳；母兔怀孕后期尽量不用汽(煤)油喷灯消毒；禁止在兔舍周围燃放鞭炮。

(6)灰尘：空气中的灰尘主要有风吹起的干燥尘土和饲养管理工作中产生的大量灰尘，如打扫地面、翻动垫草、分发干草和饲料等。灰尘降落到兔体体表，可与皮脂腺分泌物、兔毛、皮屑等粘混一起而妨碍皮肤的正常代谢，影响兔毛品质；灰尘吸入体内还可引起呼吸道疾病，如肺炎、支气管炎等；灰尘还可吸附空气中的水汽、有毒气体和有害微生物，产生各种过敏反应，甚至感染多种传染性疾病。为了减少兔舍空气中的灰尘含量，应注意饲养管理的操作程序，改粉料为颗粒饲料，保证兔舍通风性能良好。

(7)绿化：绿化具有明显的调温调湿、净化空气、防风防沙和美化环境等重要作用。特别是阔叶树，夏天能遮阴，冬天可挡风，具有改善兔舍小气候的重要作用。根据生产实践，绿化工作搞得好的兔场，夏季可降温3～5℃。种植草地可使空气中的灰尘含量减少5%左右。因此，兔场四周应尽可能种植防护林带，场内也应大量植树，空地均应种上饲料作物、牧草或绿化草地。

2. 功能要求

兔舍既是肉用兔的生活空间，又是生产车间。对兔舍设计与建筑，既有建筑学方面的技术要求，又有肉用兔生物学方面的专业要求。

(1)兔舍设计应符合肉用兔生活习性，有利于生长发育及生产性能的提高；便于饲养管理和提高工作效率；有利于清洁卫生，防止疫病传播。

(2)兔舍形式、结构、内部布置必须符合不同类型肉用兔的饲养管理和卫生防疫要求，也必须与不同的地理条件相适应。

(3)兔舍建筑材料，要因地制宜，就地取材，尽量降低造价，以节省投资。由于兔有啮齿行为和刨地打洞的本领，因此建筑材料宜选用具有防腐、保温、坚固耐用等特点的砖、石、水泥、竹片及网眼铁皮等。

(4)肉用兔胆小怕惊，抗兽害能力差，怕热，怕潮湿。因此，在建筑上要有相应的防雨、防潮、防暑降温、防兽害及防严寒等措施。

(5)兔舍地面要求平整、坚实，能防潮，舍内地面要高于舍外地面 20～25 厘米，舍内走道两侧要有坡面，以免水及尿液滞留在走道上；室内墙壁、水泥预制板兔笼的内壁、承粪板的承粪面要求平整光滑，易于消除污垢，易于清洗消毒，同时具备良好的保温与隔热性能。

(6)兔舍窗户的采光面积为地面面积的 15%，阳光的入射角度不低于 25°～30°。兔舍门要求结实、保温、防兽害，门的大小以方便饲料车和清粪车的出入为宜。

(7)兔舍内要设置排水沟、排水管及粪尿池等。肉用兔运动场的地基应垫高 30 厘米。粪尿池应设在舍外 5 米远的地方，池口要高出地面 10 厘米，以防雨水流入，池壁用水泥抹严，不漏水，池口加盖。

(8)为了防疫和消毒，在兔场和兔舍入口处应设置消毒池或消毒盘，并且要方便更换消毒液。

(9)保证舍内通风。我国南方炎热地区多采用自然通风，北方寒冷地区在冬季采用机械强制通风。

3. 兔舍面积适宜

在肉用兔生产中，饲养量的大小受到多方面因素的制约。首先是饲养人员的数量，其次是饲料供应能力和仔兔来源，再就是兔舍的面积。在前两者没有问题的情况下，饲养量的大小决定于兔舍的面积。一栋兔舍的有效饲养面积确定了，饲养量也就确定了。

假设兔舍宽 9 米，长 30 米，兔舍面积为 270 平方米，其中舍内净道一端留 3 米长作为工作间，采用笼具排列为 4 排 3 层（中间两排共用一个粪沟），舍内前后两侧各空出 1 米，粪沟及走道 1.5 米，放置笼具长度净剩 25 米。若每只种兔笼宽为 70 厘米，深为 55 厘米，高 45 厘米，则每层有 35 个笼位，每排有 105 个笼位，每栋 4 排有 420 个笼位，其中母兔笼 378 个，公兔笼 42 个（公兔、母兔比 1∶9）；如果饲养后备兔或育肥兔，采用同样的笼具，每笼放 2 只，每栋每批可养 840 只后备兔或育肥兔。

二、兔舍建筑形式

我国幅员辽阔，各地气候条件千差万别，要求的兔舍形式和结构也不一样，但兔舍建筑的基本要求是一致的，要符合肉用兔的生活习性，有利于肉用兔的生长发育，有利于清洁卫生，预防疾病的传播，有利于饲养管理。各地所建的兔舍类型一般可分为室外兔舍和室内兔舍。

1. 室外兔舍

室外兔舍实际上就是兔笼，一面或两面无墙，兔笼后壁相当于兔舍墙壁。根据兔笼排列又可分为单列式与双列式两种。

(1)室外单列式:室外单列式建筑样式见图 2-2。兔笼正面朝南,兔舍采用砖混结构,为单坡式屋顶,前高后低,屋顶采用水泥预制板或石棉瓦,兔笼后壁用砖砌成,并留有出粪口,承粪板为水泥预制板或石棉瓦,屋顶可配挂钩,便于冬季悬挂草帘保暖。为适应室外的条件,地基要高,离地面至少 30 厘米(防潮、防鼠),笼舍顶部防雨,前檐宜长,夏季防晒,四季防雨雪。这种兔舍的优点就是成本低,呼吸道疾病发病率低;缺点是容易受到外界环境气候的影响,母兔繁殖效率、仔幼兔成活率和劳动效率显著降低。

(2)室外双列式(图 2-4):室外双列式兔舍的中间为工作通道,通道宽度为 1.5 米左右,通道两侧为相向的两列兔笼。兔舍的南墙和北墙即为兔笼的后壁,屋架直接搁在兔笼后壁上,墙外有清粪沟,屋顶多为“人”字形,配有挂钩。这类兔舍的优点是单位面积内笼位数多,造价低廉,室内有害气体少,湿度低,管理方便,夏季能通风,冬季也较容易保温。缺点是易遭兽害,缺少光照。

图 2-4　室外双列式

2. 室内兔舍

室内兔舍四周墙壁完整，上有屋顶(顶高不低于 2.5 米)，南、北墙均设窗户和通风孔，东、西墙有门(门宽一般为 1.2～1.5 米，高度不低于 2 米)，连接通道。根据兔舍跨度大小和舍内通风设施情况，可设单列、双列、多列兔笼。

(1)室内单列式：这种兔舍南北墙每隔 2 米设置一个 1.5 米×1.5 米窗户，前后对称。屋顶形式不限，但屋顶每 5～8 米留置 1 个天窗。兔笼列于兔舍内的北面，笼门朝南，兔笼与南墙之间为工作走道，兔笼与北墙之间为清粪道，南北墙与地面齐平留 30 厘米的通风孔。这种兔舍优点是冬暖夏凉，通风良好，光线充足，缺点是兔舍利用率低。

(2)室内双列式：室内双列式兔舍只是兔舍宽度比单列式宽，其他格式同单列式。室内双列式兔舍有两种类型，即"面对面"和"背靠背"(图 2-5)。"面对面"的两列兔笼之间为 1.5 米左右的工作走道，靠近南北墙各有一条宽不小于 1 米的粪沟；"背靠背"的两列兔笼之间为粪沟，靠近南北墙各有一条工作走道。这类兔舍的优点是通风透光较好，管理方便，温度易于控制，但朝北的一列兔笼光照、保暖稍差。同时，由于空间利用率高，饲养密度大，在冬季门窗紧闭时有害气体的浓度也较高。

(3)室内多列式：室内多列式兔舍结构与室内双列式兔舍类似，但跨度加大，一般为 8～12 米，其他建筑格式同单列式。这类兔舍的特点是空间利用率大，安装通风、供暖和给排水等设施后，可进行集约化生产，一年四季皆可配种繁殖，有利于提高兔舍的利用率和劳动生产率。缺点是兔舍内湿度较大，有害气体浓度较高，家兔易感染呼吸道疾病。

图 2-5　室内“背靠背”双列式

第四节　肉用兔生产所需物资

兔笼、饲槽、草架、饮水器、产仔箱等是兔生产中不可缺少的重要设备，设计合理与否，直接影响着肉用兔的健康和生产效益。

1. 兔笼

兔笼设计一般应造价低廉，经久耐用，便于操作管理，并且符合肉用兔的生理要求。设计内容包括兔笼规格、结构及总体高度等。

(1)兔笼类型：兔笼形式按状态、层数及排列方式等可分为平列式、重叠式、阶梯式、立柱式和活动式等 5 种。目前，我国农村养兔以重叠式固定兔笼为主。

①平列式兔笼：兔笼均为单层，一般为竹、木或镀锌冷拔钢丝制成，又可分为单列活动式和双列活动式 2 种。主要优

点是利于饲养管理和通风换气，环境舒适，有害气体浓度较低。缺点是饲养密度较低，仅适用于饲养繁殖母兔。

②重叠式兔笼：这类兔笼在肉用兔生产中使用最为广泛，多采用水泥预制件或砖木结构组建而成，一般上下叠放2～4层笼体，层间设承粪板。主要优点是通风采光良好，占地面积小。缺点是清扫粪便困难，有害气体浓度较高。

③阶梯式兔笼：这类兔笼一般由镀锌冷拔钢丝焊接而成，在组装排列时，上下层笼体完全错开，不设承粪板，粪尿直接落在粪沟内。主要优点是饲养密度较大，通风透光良好。缺点是占地面积较大，手工清扫粪便困难，适于机械清粪兔场应用。

④立柱式兔笼：这类兔笼由长臂立柱架和兔笼组装而成，一般为3层；所有兔笼都置于双向立柱架的长臂上。主要优点是同一层兔笼的承粪板全部相连，中间无任何阻隔，便于清扫。缺点是由于饲养密度较大，有害气体浓度较高。

⑤活动式兔笼：一般为竹、木或镀锌冷拔钢丝制成，根据构造特点又可分为单层活动式、双联单层活动式、单间重叠式、双联重叠式和室外单间活动式等多种。

这类兔笼的共同优点是移动方便，构造简单，造价低廉，操作方便，易保持兔笼清洁和控制疾病等。除室外单间活动式兔笼外，一般均适宜在室内笼养。

(2)兔笼规格：兔笼大小，应按不同肉用兔的性别、年龄等不同而定。一般以种肉用兔体长为尺度，笼长为体长的1.5～2倍，笼宽为体长的1.3～1.5倍，笼高为体长的0.8～1.2倍。大小应以保证肉用兔能在笼内自由活动，便于操作管理、选材经济、质轻而坚固耐用为原则。种兔笼宜比育肥兔笼适当大些，室内兔笼宜比室外兔笼略小些。

大型品种兔笼一般为宽80～90厘米，深为55～60厘米，前高45厘米，后高40厘米；中型兔笼建议宽为70～80厘米，深为50～55厘米，前高35厘米，后高30厘米；小型兔笼宽60～70厘米，深为50厘米，前高30厘米，后高25厘米。为了制作方便，可以制作统一规格的兔笼，在使用时根据需要放置不同数量的兔子即可。

(3)兔笼结构：兔笼由笼体及附属设备组成，笼体由笼门、笼底(又称踏网、踏板、底板)、笼壁和承粪板组成。

①笼门：设在笼的前面，左右或上下向外开启，能防兽害、防啃咬，长度30～40厘米，高度与笼前网相等或稍低，可用镀锌冷拔钢丝等制成。为提高工效，草架、食槽、饮水器等均可挂在笼门上，以增加笼内实用面积，减少开笼门次数。

②笼底：一般用竹片或镀锌冷拔钢丝制成，要求平而不滑，坚而不硬，易清理，耐腐蚀，能够及时排除粪便。笼底可用镀锌丝网，间隙以1.2厘米左右为宜(断乳后的肉用幼兔笼1～1.1厘米，肉用种兔1.2～1.3厘米)。若采用竹板条应四角刨平，不留钉头和毛刺，板条平行，每根竹条或木条宽2.5～3厘米，厚0.8～1厘米，每根之间距离为1～1.2厘米，便于漏粪尿，笼底板也可以用预制板。

③笼壁：可用水泥板或砖、石等砌成或金属网制成(网眼直径1.8～2厘米)，要求笼壁保持平滑，坚固防啃，以免损伤兔体。如用砖砌或水泥预制件，需预留承粪板和笼底板的搁肩(3～5厘米)；如用竹、木栅条或金属网条，则以条宽1.5～3厘米，间距1.5～2厘米为宜。

④承粪板：在多层重叠式兔笼中应设置承粪板，承粪板的

功能是承接兔排出的粪尿，以防污染下面的兔及笼具。承粪板可用石棉瓦、油毡纸、水泥板、石板等材料制作，要求表面平滑，耐腐蚀，重量轻。为避免上层兔笼的粪尿、冲刷污水溅污下层兔笼内，承粪板应向笼体前伸 3～5 厘米，后延 5～10 厘米，前后倾斜角度为 10°～15°，以便粪尿经板面自动落入粪沟，有利于清扫。

⑤笼层高度：为便于操作管理和维修，兔笼以 3 层为宜，总高度应控制在 2 米以下。最底层兔笼的离地高度应在 30 厘米以上，以利通风、防潮，使底层兔亦有较好的生活环境。

(4)构件材料：各地因生态条件、经济水平、养兔习惯及生产规模的不同，建造兔笼的构件材料亦各不相同。

①水泥预制件兔笼：水泥预制件兔笼的侧壁、后墙和承粪板都采用水泥预制件组装成，配以竹片笼底板和金属或木制笼门。主要优点是耐腐蚀，耐啃咬，适于多种消毒方法，坚固耐用，造价低廉；缺点是通风隔热性能较差，移动困难。

②砖、石制兔笼：采用砖、石、水泥或石灰砌成，是室外养兔普遍采用的一种形式，起到了笼、舍结合的作用，一般建造 2～3 层。主要优点是取材方便，造价低廉，耐腐蚀，耐啃咬，防兽害，保温、隔热性较好；缺点是通风性能差，不易彻底消毒。

③金属网兔笼：一般采用镀锌冷拔钢丝焊接而成。主要优点是通风透光，耐啃咬，易消毒，使用方便；缺点是容易锈蚀，造价较高，如无镀锌层其锈蚀较为严重，又易引起脚皮炎。

2. 食具

食具又称饲槽或料槽。目前常用的有陶制、铁皮制及塑料制等多种形式。

食具要求坚固，耐啃咬，易清洗消毒，具有方便实用，造价低廉等优点。一般中小型兔场及家庭养兔可按饲养方式而定，采用陶制食具（图 2-6）或多用转动式食具（图 2-7）。规模较大及机械化程度较高的种兔场可采用自动喂料器。食具一般固定在笼壁或笼门上，采用笼外加料，笼内采食，不易翻倒，安装上应便于拆卸、清洗和消毒。

图 2-6 陶制食具

3. 草架

草架主要用于饲喂青绿饲料和干草，一般用木条、竹片或粗铁丝做成“V”字形（也可直接利用多用转动式食具，不再单设草架），上口宽为 15 厘米，长约 30 厘米。

草架一般固定在笼门上，紧靠于笼底板之上，内侧间隙为 4 厘米，外侧为 2 厘米，可前后活动，拉开加草，推上让兔吃草。规模化养兔，肉用兔养殖草架多用于种兔，育肥兔饲喂全价颗粒饲料，一般可不设草架。

图 2-7 多用转动式食具

4. 饮水设备

一般家庭养兔,可就陶制食具、水泥食具作盛水器。这种饮水器价格低,易于清洗,但容易被兔脚爪或粪尿污染,每天均要加水清洗,比较费时费工。

规模化养兔场大多采用专用饮水器。专用饮水器有贮水瓶式饮水器有两种形式。一种是采用塑料瓶倒挂在兔笼外,瓶盖或瓶塞上接一根通向笼内的弯铜管,管口比管身略小,管口内放一个玻璃圆珠作为活塞,用以堵塞管口。兔饮水时用舌舔动活塞,活塞缩进,水即从管口流出。另一种是用胶木制成饮水器底盘,固定在笼门上,一端伸在笼内供兔饮水,另一端在笼外,将盛满水的玻璃瓶或塑料瓶倒置在其上(图 2-8),饮水器底盘内的水被饮完后,瓶内的水利用压力自动流出。这类饮水器最大的优点是独立使用,比较卫生,尤其适合水中给药防治兔病。

乳头式自动饮水器采用不锈钢或铜制作,其工作原理和构造与鸡用乳头式自动饮水器大致相同。饮水器与饮水器之

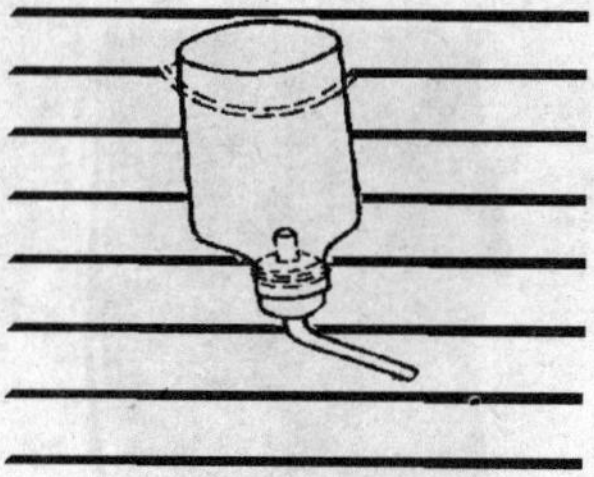

图 2-8　塑料瓶饮水器

间用乳胶管及三通相串联，进水管一端接在水箱，另一端则予以封闭。这种饮水器使用时比较卫生，可节省喂水的工时，但也需要定期清洁饮水器乳头，以防结垢而漏水。乳胶管宜选用无毒有色管，以减少管内长苔藓而堵塞和污染水流。

5. 产仔箱

产仔箱又称巢箱，供母兔筑巢产仔，也是 3 周龄前仔兔的主要生活场所。通常在母兔接近分娩时放入笼内或挂在笼外。产仔箱的制作材料有木板、纤维板、塑料等。

(1)平口产仔箱：平口产仔箱(图 2-9)用 1.5 厘米厚的木板钉制，规格长 40 厘米×宽 26 厘米×高 13 厘米。上口水平，箱底可钻一些小孔，以利排尿、透气。平口产仔箱放在母兔笼内的一角，因此不宜做得太高，以便母兔跳进跳出。产仔箱上口四周必须制作光滑，不能有毛刺，以免损伤母兔乳房而导致乳房炎。

(2)月牙状缺口产仔箱：月牙状缺口产仔箱(图 2-10)，木板 1 厘米厚度，规格长 35 厘米×宽 28 厘米×高 40 厘米，产箱前门为半圆形，直径为 18 厘米，圆洞底部切线离箱底高度为 12 厘米，并与笼门下沿齐平，产仔箱底部每横纵间距 6 厘

图 2-9　平口产仔箱

图 2-10　月牙状缺口产仔箱

米处留 1 漏孔。

月牙状缺口产仔箱悬挂于兔笼的后壁上，缺口的底部刚好与笼底板一样平，以便母仔出入。产仔箱上方加盖一个活动盖板。这种产仔箱模拟洞穴环境，适于母兔的习性。同时，产仔箱悬挂在笼外，不占笼内面积，管理非常方便。

6. 运输笼（箱）

运输笼仅作为种兔或商品兔运输时使用，一般不配置草架、食槽、饮水器等。要求制作材料轻，装卸方便，结构紧凑，坚固耐用，透气性好，大小规格一致，可重叠放置，有承粪装置（防止途中尿液外溢），适于各种方法消毒。有竹制运输笼、金属运输笼、纤维板运输笼、塑料运输箱等。

7. 喂料车

喂料车主要是用它装料喂兔，省工省时。喂料车一般用角铁制成框架，用镀锌铁皮制成箱体，在框架底部前后安装4个车轮，其中前面2个为万向轮。

8. 饲料加工设备

现代化、高效益的肉用兔生产，大多采用全价配合饲料。因此，兔场必须备有饲料加工设备，对不同饲料原料，在喂饲之前进行一定的粉碎、混合和制粒。

(1)饲料粉碎机：一般精、粗饲料在加工全价配合料之前，都应粉碎。粉碎的目的，主要是提高肉用兔对饲料的消化吸收率，同时也便于将各种饲料混合均匀和加工成多种饲料（如粉状、颗粒状等）。在选择粉碎机时，要求机器通用性好（能粉碎多种原料），成品粒度均匀，结构简单，使用、维修方便，作业时噪声和粉尘应符合规定标准。

目前生产中应用最普遍的多为锤片式粉碎机，这种粉碎机主要是利用高速旋转的锤片来击碎饲料。工作时，物料从喂料斗进入粉碎室，受到高速旋转的锤片打击和齿板撞击，使物料逐渐粉碎成小碎粒，通过筛孔的饲料细粒经吸料管吸入风机，转而送入集料筒。

(2)饲料混合机：一般配合饲料厂或大型养兔场的饲料加工车间，饲料混合机是不可缺少的重要设备之一。混合按工序，大致可分为批量混合和连续混合两种。批量混合设备常用的是立式混合机或卧式混合机，连续混合设备常用的是桨叶式连续混合机。

生产实践表明，立式混合机动力消耗较少，装卸方便。其缺点生产效率较低，搅拌时间较长，适用于小型饲料加工厂。卧式混合机的优点是混合效率高，质量好，卸料迅速。其缺点是动力消耗大，一般适用于大型饲料厂。桨叶式连续混合机结构简单，造价较低，适用于较大规模的专业户养兔场使用。

(3)饲料压粒机：生产颗粒饲料的压粒机，目前生产中应用最广泛的是环模压粒机和平模压粒机。

环模压粒机又可分为立式环模压粒机和卧式环模压粒机2种。立式环模压粒机的主轴是垂直的，而环模圈则呈水平配置；卧式环模压粒机的主轴是水平的，环模圈呈垂直配置。一般小型厂(场)多采用立式环模压粒机，大、中型厂(场)则采用卧式压粒机。

平模压粒机有动辊式、动模式和动辊动模式3种。主要工作部件是平模、压辊和切刀等。压辊旋转时将物料推压至压辊和压模之间，物料受二者强烈挤压后从模孔挤出而呈圆柱体，并由固定切刀按规格切断。

颗粒饲料是近代饲料工业的新发展，是规模养兔场或专业户养兔场普遍采用的一种饲料形式。粉料经压制成颗粒料之后，在运送、贮存和分配过程中不会破坏其成分的均匀分布，能避免兔挑食；压制过程中饲料中的淀粉可发生糊化，产生较浓的香味，提高适口性，有利于刺激肉用兔的食欲；压制过程中的短期高温，可杀灭饲料原料中的寄生虫卵和其他病原微生物，破坏豆类、谷物原料中的各种抗营养因子，提高饲料的利用率。当然,颗粒饲料在加工压制过程中,也会破坏某些营养成分(如维生素等),但饲喂颗粒饲料利大于弊,故在养兔业发达的国家普遍采用。

9. 车辆出入门口和消毒池

要求深0.3米、长5~8米;人员进出口设立脚踏消毒池,长0.6~0.8米、宽1~2米,平铺草帘,保持消毒药效。

第三章 肉用兔的营养与饲料

营养与饲料是提高肉用兔养殖效益的物质基础。科学养兔不仅要了解肉用兔不同生长发育阶段的营养需要，而且要认识并掌握饲料的种类、营养成分、各自的特点及加工方法，配合全价日粮，以达到提高饲料报酬、增加养殖效益的目的。

第一节 肉用兔的营养需求

营养需要是指保证肉用兔健康和正常生产性能所需要的营养物质，包括能量、蛋白质、脂肪、维生素、矿物质元素、粗纤维和水分等。

1. 能量需求

肉用兔的一切生命活动都需要能量，能量的主要来源是饲料中的碳水化合物、脂肪和蛋白质。其中，碳水化合物在植物性饲料中占70%左右，是肉用兔能量的主要来源。饲料中的能量蕴藏在营养物质之中，肉用兔营养物质的代谢必然伴随着能量代谢，能量水平在肉用兔饲养标准中占有很重要的地位。实践证明，饲养效果与能量水平密切相关，即能量水平直接影响生产水平。肉用兔和其他单胃动物一样，能自动地调节采食量以满足其对能量的需要。但是，肉用兔消化道的容量是有一定限度的，因此，其自动调节能力也是有限度的。

当日粮能量水平过低时，虽然它能增加采食量，但仍不能满足其对能量的需要，则会导致肉用兔的健康恶化，能量利用率降低，体脂分解多导致酮血症，体蛋白分解多而致毒血症。

实践证明，肉用兔对大麦、小麦、燕麦、玉米等谷物饲料中的碳水化合物具有较高的消化率，如果日粮中能量不足，就会导致生长速度减慢，产肉性能明显下降。但是，日粮中能量水平偏高，也会因大量易消化的碳水化合物由小肠进入大肠，出现异常发酵而引起消化道疾病；同时因体脂沉积过多，对繁殖母兔来说会影响雌性激素的释放和吸收，从而损害繁殖机能，对公兔来说则会造成性欲减退、配种困难和精子活力下降等。因此，控制能量供应水平对养好肉用兔极为重要。

2. 蛋白质需求

蛋白质是一切生命活动的基础，也是兔体的重要组成成分。据试验，生长兔、妊娠母兔和泌乳期母兔的日粮中，蛋白质的需要量分别以含粗蛋白质16%、15%和17%为宜。如果日粮中蛋白质水平过低，则会影响肉用兔的健康和生产性能的发挥，表现为体重减轻，生长受阻，公兔性欲减退，精液品质降低；母兔发情不正常，不易受孕。相反，日粮中蛋白质水平过高，不仅造成饲料浪费，还会加重盲肠、结肠以及肝脏、肾脏的负担，引起腹泻、中毒，甚至死亡。因此，粗料和精料要合理搭配，在保障蛋白质营养供应的同时，避免蛋白质营养的过剩。

3. 脂肪需求

脂肪也是构成体组织的重要成分，是肉用兔生产和修复组织不可缺少的物质；脂肪也是供给肉用兔热能和贮备能量的主要物质，贮积的脂肪还具有隔热保温、支持保护脏器和关节的作用。某些维生素如维生素 A、维生素 D、维生素 E、维生素 K 只有溶解于脂肪中才能被吸收和在体内代谢。当日粮中严重缺乏脂肪时，肉用兔表现生长受阻，性成熟晚，睾丸发育不良；受胎率低，产畸形胎儿，皮肤干燥，掉毛，瞎眼等症。

据试验，成年兔日粮中的脂肪含量应为 2%～4%，妊娠和哺乳母兔日粮中应含 4%～5%。肉用兔体内的脂肪主要是由饲料中的碳水化合物转变为脂肪酸后而合成的。但脂肪酸中的 18-碳二烯酸（亚麻油酸）、18-碳三烯酸（次亚麻油酸）和 20-碳四烯酸（花生油酸）在兔体内不能合成，必须由饲料中供给，称为必需脂肪酸。必需脂肪酸在兔体内的作用极为复杂，缺乏时则会引起生长发育不良，公兔精细管退化，畸形精子数增加和母兔繁殖性能下降等不良现象。

4. 维生素需求

维生素是兔体的新陈代谢过程中所必需的物质，对肉用兔的生长、繁殖和维持其机体的健康有着密切的关系。肉用兔虽然对维生素的需要量微小，但缺乏时，轻者生长停滞，食欲减退，抗病力减弱，繁殖机能及生产力下降；重者造成肉用兔死亡。

维生素主要分两大类：脂溶性维生素和水溶性维生素。前者主要有维生素 A、维生素 D、维生素 E、维生素 K 等，后者包括维生素 B 族和维生素 C，对兔营养起关键性作用的是脂溶性维生素。据试验，生长兔和种公兔每千克体重每日需维生素 A 8 微克，繁殖母兔需 14 微克。维生素 E 的最低推荐量为每天 0.32 毫克/千克体重；维生素 K 的推荐量为每千克日粮 2 毫克。

青绿及糠麸饲料中均含多种维生素，只要经常供给肉用兔优质的青绿饲料，一般情况下不会造成缺乏。

5. 矿物质元素需求

矿物质元素在兔体内的含量很少，约占成年兔体重的4.8%，但参与机体内的各种生命活动，在整个机体代谢过程中起着重要作用，是保证肉用兔健康、生长、繁殖所不可缺少的营养物质，许多机能活动的完成都与矿物质有关。通常把在体内含量高于0.01%的称为常量元素，包括钙、磷、钾、钠、氯、硫、镁等；把在体内含量低于0.01%的称为微量元素，包括铁、铜、锌、锰、碘、硒、钴等。因此，矿物质是保证兔生长发育必不可少的营养物质。

6. 粗纤维需求

粗纤维包括纤维素、半纤维素和木质素，是植物细胞壁的主要成分。粗纤维在维持肉用兔正常消化机能、保持消化物稠度、形成硬粪及消化运转过程中起着重要的作用。成年兔饲喂高能量、高蛋白质日粮往往事与愿违，不但不能产生加快生长的效应，反而会导致消化道疾病，其主要原因是粗纤维供给量过少，因而使肠道蠕动减慢，食物通过消化道时间延长，造成结肠内压升高，从而引起消化紊乱，出现腹泻，死亡率增加。但日粮中粗纤维含量过高，也会引起肠道蠕动过速，日粮通过消化道速度加快，营养浓度降低，导致生产性能下降。

据试验，日粮中适宜的粗纤维含量为12%～14%。幼兔可适当低些，但不能低于8%；成年兔可适当高些，但不能高于20%。

7. 水的需求

水是肉用兔生命活动所必需的物质，体内营养物质的运输、消化、吸收和粪便的排除，都需要水分。此外，肉用兔体温的调节和机体的新陈代谢活动都需要水的参与。在缺水情况下，常会引起食欲减退，消化机能紊乱，甚至死亡。

据试验，肉用兔的需水量一般为采食干物质量的 1.5～2.5 倍，每日每只每千克体重的肉用兔需水量为 100～120 毫升。肉用兔的饮水量还与季节、气温、年龄、生理状态、饲料类型等因素有关。炎热的夏季饮水量增加；青绿饲料供给充足，饮水量减少；幼兔生长发育快，饮水量相对比成年兔多，哺乳母兔饮水量更多。

第二节　常用饲料种类的选择

肉用兔是单胃草食动物，食谱广，可食饲料种类繁多。根据饲料的营养特性一般可以分为青绿饲料、粗饲料、精饲料（能量饲料和蛋白质饲料）、矿物质饲料和饲料添加剂。

一、常用饲料的种类

1. 青绿饲料

青绿饲料富含叶绿素，而多汁饲料富含汁水，包括各种新鲜野草、野菜、天然牧草、栽培牧草、青饲作物、菜叶、水生饲料、幼嫩树叶、非淀粉质的块根、块茎、瓜果类等。

（1）青绿饲料种类

①野草类：兔喜欢采食的主要有野苋菜、马齿苋、胡枝子、

野豌豆、车前草、艾蒿、苦荬菜等。宜选择叶多、草嫩、纤维素含量低的优质草为好。

②蔬菜类：主要有大白菜、萝卜、胡萝卜、南瓜叶、苦麻菜等。包心菜虽高产，但以少量饲喂为宜，以免引起兔腹泻等消化道疾病。

③软草类：包括黑麦草、苏丹草、三叶草、紫云英等。生产中不要喂大量的紫云英，因其容易引起腹泻。

④树叶类：树叶也是兔的好饲料，在间伐林木或修枝打杈时砍下的嫩枝树叶均可饲喂。常见的有槐树叶、松针、椿树叶、桑叶、榆树叶、杨树叶和胡枝子嫩枝叶等，比较适合的有槐树叶、松针。毛茛、防风、独活、毒芹、乌头、藜芦、天南星、蓖麻叶、大麻叶、烟草、白屈芽、白头翁等有毒植物会引起兔中毒或消化系统疾病，要注意剔除。

新鲜刺槐叶富含多种营养、维生素和微量元素，其营养价值不亚于豆科牧草。刺槐叶以鲜用为好，也可以制成刺槐叶粉。刺槐叶的饲喂要注意合理搭配，不应长期单独使用，需搭配精料和其他青绿饲料。

松针加工成松针粉便于贮藏、运输和使用，如能在加工中除去松针中的松香磷脂和单宁，则适口性更好。松针粉中所含的微量元素铁、锰、钴等高于草本和豆科植物干茎叶。松针粉还含有多种维生素，其中维生素C和胡萝卜素的含量最为突出。松针粉的土法加工很简便，将采集到的松针及嫩枝洗净、晒干、粉碎即可。松针粉色绿，有清香味，含有丰富的营养物质。同时，松针粉还含有植物杀菌素，具有防病抗病功效。在兔口粮中添加松针叶粉，可以明显促进兔生长，增加母兔产仔数和提高仔兔成活率。同时，松针及松针粉还能防治兔疾病。用鲜松针加水煮沸 1 小时，取松针汁喂兔，每天 1 次，连喂 3 天，可预防和治疗兔感冒。

⑤水生类：包括水浮莲、水葫芦、水花生和红萍、绿萍等。这类饲料因含水量高，宜洗净，晾干后再喂。有些地区采用打浆后拌料饲喂，效果更好。

(2)饲喂青绿饲料的注意事项

①青绿饲料必须放在草架上饲喂，切忌放入笼舍地板上饲喂，以免粪尿污染，造成浪费。

②保持清洁、新鲜、绿嫩，当天喂的草要当天割，带雨、露、霜的青草、青菜不能喂。

③防止甘薯黑斑病中毒、土豆龙葵精中毒、木薯氢氰酸中毒和堆积过久、发酵腐烂的青绿饲料的亚硝酸盐中毒；饲喂时最好切成块喂。

④青饲料中维生素 D 和磷含量较低，且蛋白质、氨基酸含量差异较大，须与禾本科、豆科等饲草搭配饲喂。

⑤防止农药中毒，切忌在喷洒农药后的田边、菜地或粪堆旁割草饲喂。

⑥不喂冰冻饲料。

⑦不喂有毒、有刺的饲料。

⑧不喂大量的牛皮菜、菠菜等草酸含量高的饲料。

2. 粗饲料

粗饲料是粗纤维含量高、体积大、营养价值低的一类饲料，是兔在枯草季节所用的饲料，包括青干草、树叶落叶、秸秆、秕壳等。干草是栽培或野生青草刈割后经风吹、晒干或人工干燥制成的，营养价值较高；秸秆和秕壳是籽实收获后剩余的茎叶及皮壳，玉米秸、豆秸和经晒制的玉米叶、高粱叶、豆壳、麦壳、花生秧、地瓜蔓、小豆秸、绿豆秸等。

(1)粗饲料种类

①青干草:由青绿饲料经日晒或人工干燥除去大量水分而制成,其营养价值受植物种类组成、刈割期和调制方法的影响。蛋白质品质较完善,胡萝卜素和维生素D含量丰富,是兔最主要的饲料。

②秸秆:秸秆饲料一般质地较差,营养成分含量较低,必须合理加工调制,才能提高其适口性和营养价值。我国秸秆饲料的主要种类有稻草、麦秸、玉米秸、豆秸、甘薯秧和花生秧等,这类饲料粗纤维含量高,可达30%~45%,其中木质素比例大,一般为6.5%~12%,有效价值低,蛋白质含量低且品质差,钙、磷含量低且利用率低,适口性差,营养价值低,消化率也低。

③荚壳类:荚壳类是农作物籽实脱壳后的副产品,包括谷壳、稻壳、花生壳、豆荚等。除了稻壳和花生壳外,荚壳的营养成分高于秸秆。豆荚的营养价值比其他荚壳高,尤其是粗蛋白质含量高。禾谷类荚壳中,谷壳含蛋白质和无氮浸出物较多,粗纤维较低,营养价值仅次于豆荚。

(2)饲喂粗饲料的注意事项

①质量最好的青干草是在6~7月间收割的头刀草。晒制优质干草应以强烈日照为宜,切忌雨淋。

②豆科草类叶片容易脱落,晒制过程中应注意收集,以减少损失。

③为满足兔营养,禾本科干草应与豆科干草等配合应用,以达营养的全面和平衡。

④严禁用发霉的干草和藤蔓喂兔,以免引起中毒、死

亡等。

⑤粗饲料使用时应该清除尘土和霉变部分，最好粉碎成干草粉与精料混合饲喂或制成颗粒饲喂；制作过程中应该注意防止叶片损失。

3. 能量饲料

能量饲料是指饲料干物质中粗纤维含量低于18%、粗蛋白质含量低于20%的一类饲料，是肉用兔日粮中能量的主要来源。

(1)能量饲料的种类：各种作物的籽实和农副产品都是兔的精饲料，如玉米、大麦、高粱、燕麦、大豆、豌豆、蚕豆等和麦麸、米糠、棉籽饼、豆粕、菜籽饼、花生饼、豆渣、粉渣等。精饲料具有可消化、营养物质含量高、体积小、水分少、纤维素少、营养成分丰富、适口性好、消化率高等特点，但蛋白质品质不如青绿饲料和动物性饲料，维生素、矿物质较缺乏，特别是维生素A。精饲料是兔重要的补充饲料。精饲料分籽粒类饲料和加工副产品饲料。

(2)饲喂能量饲料的注意事项

①不同种类的能量饲料其营养成分差异很大，配料时应注意饲料种类的多样化，合理搭配使用。

②谷实类饲料对兔的适口性顺序为大麦、小麦、玉米、稻谷。高粱因单宁含量较高，饲喂时应有所限量。

③能量饲料因粗纤维含量较低，特别是玉米，用量不宜过多，以免导致胃肠炎等消化道疾病。

④应用能量饲料时，为提高有机物质的消化率，最好经粉碎后，搭配蛋白质、矿质元素饲料等加工成颗粒料饲喂。

⑤高温、高湿环境很容易使精饲料发霉变质，黄曲霉素对

兔有很强的毒性,饲喂时应特别注意。

4. 蛋白质饲料

一般是指饲料干物质中粗蛋白质含量在20%以上的饲料,均属于蛋白质饲料。蛋白质饲料是兔的高级营养品,在日粮中所占比例不多,但对肉用兔的健康和生长发育具有重要作用。

(1)蛋白质饲料的种类

①植物性蛋白质饲料:常用的是饼粕类,如豆饼、菜籽饼、棉籽饼、花生饼及豆粕、菜籽粕等,是肉用兔日粮中蛋白质的主要来源,饲粮中的用量为10%~20%。

②动物性蛋白质饲料:常用的有畜禽副产品(如肉骨粉、血粉、羽毛粉等)、鱼粉等。动物性饲料因价格较高,且有特殊气味,饲粮中的用量以1%~3%为宜。

③单细胞蛋白质饲料主要包括酵母、藻类等,一般日粮中以添加2%~3%为宜。

(2)饲喂蛋白质饲料的注意事项

①动物性饲料来源少,价格高,应合理使用,一般喂量只占日粮的1%~3%。

②这类饲料如果贮存不当,易发生霉、酸、腐败等变质,误食后易引起中毒死亡,因此应注意饲料质量。

③鱼粉、血粉适口性较差,大量喂用使兔胴体有异味,应严格控制使用。

④生豆饼中含有抗胰蛋白酶因子和脲酶等有害成分;菜籽饼带有辛辣味,适口性较差,且含有硫葡糖甙等有毒物质。大量饲喂易引起兔腹泻、甲状腺肿大和泌尿系统炎症等。

⑤鱼粉是常用的动物性蛋白质饲料。优质鱼粉,色金黄,

脂肪含量不超过8%，含盐量4%左右，干燥而不结块；劣质鱼粉，有特殊气味，呈咖啡色或黑色，不宜用于喂兔。

5. 矿物质饲料

肉用兔所需要的矿物质饲料种类很多，按照需要量的多少分为常量矿物质元素和微量矿物质元素。前者主要包括钙、磷、钠和氯等。食盐含有钠和氯，一般在饲料中添加0.3%～0.5%(用量过大会引起中毒，可拌料或溶于饮水中补给)，在缺碘地区，应补加含碘食盐。石粉、贝壳粉等是钙的廉价补充料，而骨粉、蛋壳粉、磷酸氢钙既含钙又含磷，它们的添加量可根据饲料中的含量与营养标准的差额确定，一般添加1%～2%。微量矿物质元素主要包括铁、铜、锌、锰、硒、钴、碘等。除了添加微量元素添加剂外，一些地方性的复合矿物，如沸石、麦饭石、膨润土、海泡石等，含有多种微量元素，不但使之得以补充，而且还具有吸附、交换、缓释等多种功能。对于促进生长、降低饲料消耗有较好效果，一般添加量在3%左右。

6. 添加剂饲料

添加剂是在配合饲料中加入的各种微量成分，其作用是完善饲料的营养成分、提高饲料的利用率，促进肉用兔生长和预防疾病。常用的有补充饲料营养成分的添加剂，如氨基酸、矿物质和维生素；促进饲料的利用和保健作用的添加剂，如生长促进剂、驱虫剂和助消化剂等；防止饲料品质降低的添加剂，如抗氧化剂、防霉剂、黏结剂和增味剂等。

(1)添加剂饲料的种类

①氨基酸添加剂：常用的有赖氨酸和蛋氨酸，是多数植物性饲料最易缺乏，对肉用兔生长、肉质有明显影响的氨基酸。

②微量元素添加剂：常用的有硫酸铜、硫酸锰、硫酸锌、硫酸亚铁和亚硒酸钠等，添加原料大多为盐类。

③维生素添加剂：常用的有维生素A、维生素D、维生素E等。商品生产中应用最多的是多维素，即复合维生素。

④生长促进剂添加剂：常用的有喹乙醇和抗生素等，如土霉素、金霉素、四环素、杆菌肽锌、北里霉素等。

⑤驱虫保健添加剂：常用的有氯苯胍、磺胺喹恶啉、磺胺二甲嘧啶等。另外，洋葱、大蒜、韭菜等亦有防治消化道疾病和球虫病的功能。

(2)饲喂添加剂饲料的注意事项

①添加剂因用量甚微，不能直接加入饲料，须预先混合后再与日粮混合均匀，以达预期效果。

②饲料中使用的营养性和非营养性饲料添加剂产品应该是农业部颁发的《允许使用的饲料添加剂品种目录》所规定的品种，或者是已经取得了试生产产品批准文号的新饲料添加剂品种。不得使用违禁药物。

③饲料添加剂的选用需要遵循安全性、经济性和使用方便的原则。使用前要注意添加剂的质量、有效物质含量、有效期，还要注意限用、禁用、用量、用法、配合禁忌、停药期等规定，对药物添加剂一定严格遵守使用剂量和停药期。

二、饲料的加工调制

试验研究与生产实践证明，对饲料进行加工调制，可明显的改善适口性，利于咀嚼，提高消化率和吸收率，提高生产性能，便于贮藏和运输。混合饲料的加工调制包括青绿饲料的加工调制、粗饲料的加工调制、能量饲料的加工调制。

1. 青绿饲料的加工调制

新鲜的青绿饲料营养价值高。清洁的青绿饲料只需稍加阴干,降低水分,即可饲喂。被泥土或粪尿污染的饲料,可用0.01%高锰酸钾溶液洗净,晾干表面水分后喂兔。青绿饲料如有大量露水或雨水时,喂前应放在草架上晾干或摊成薄层后阴干、晾晒。喷过农药的青草、蔬菜,在药效期内不能喂兔,同时还要把毒草挑出来。

调制干草的方法一般有两种,地面晒干和人工干燥。人工干燥法又有高温和低温2种,低温法是在45～50℃下室内停放数小时,使青草干燥;高温法是在50～100℃的热空气中脱水干燥6～10秒钟,即可干燥完毕,一般温度不超过100℃,植株几乎能保存全部营养价值。

2. 粗饲料的加工调制

粗饲料质地坚硬,含纤维素多,其中木质素比例大,适口性差,利用率低,通过加工调制可使这些性状得到改善。

(1)物理处理法:就是利用机械、水、热力等物理作用,改变粗饲料的物理性状,提高利用率。

①切短:对于适口性好的青草野菜,宜切短鲜喂;白菜、萝卜等饲料,因含水分过大,应稍阴干后再少量饲喂。

②浸泡:即在100千克温水中加入5千克食盐,将切短的秸秆分批在桶中浸泡,24小时后取出,软化秸秆,提高秸秆的适口性,便于采食。

③蒸煮:将切短的秸秆在锅内蒸煮1小时,加盖2～3小时即可。这样可软化纤维素,增加适口性。

④热喷:将秸秆、荚壳等粗饲料置于饲料热喷机内,用高

温、高压蒸气处理1～5分钟后，立即放在常压下使之膨化。热喷后的粗饲料结构疏松，适口性好，兔的采食量和消化率均能提高。

(2)化学处理：应用酸、碱等化学制剂对秸秆等粗饲料进行化学处理，目的是破坏秸秆饲料中的木质素，改善饲料的适口性，提高秸秆的营养价值。

①碱化处理：碱化处理是将稻草、麦秸等粗饲料切碎后放入缸或水泥池内，用1%～2%石灰水浸泡1～2天，捞出后用清水洗净，晾干后即可喂兔，用量可占日粮的1%～2%。

②氨化处理：氨化处理是将切碎后的秸秆等粗饲料放入窖或缸内，氨源可用尿素、碳铵、氨水或液氨。用量以干秸秆计算，尿素5%，碳铵10%，氨水10%～12%，液氨3%，拌匀踩实后用塑料薄膜覆盖封严。氨化时间冬、春季节为4～6周，夏、秋季节为1～2周。开窖后通风12～24小时，待氨味消失后即可喂兔。

③氢氧化钠处理：氢氧化钠可使秸秆结构疏松，并可溶解部分难消化物质，而提高秸秆中有机物质的消化率。最简单的方法是将2%的氢氧化钠溶液均匀喷洒在秸秆上，经24小时即可。

(3)微生物处理：就是利用微生物产生纤维素酶分解纤维素，以提高粗饲料的消化率。比较成功的方法有以下几种：

①EM菌处理法：EM是“有效微生物”的英文缩写，是由光合细菌、放线菌、酵母菌、乳酸菌等10个属80多种微生物复合培养而成，处理要点如下：

Ⅰ.秸秆粉碎：可先将秸秆用铡草机铡短，然后在粉碎机内粉碎成粗粉。

Ⅱ. 配制菌液:取 EM 原液 2000 毫升,加红糖 2 千克,净水 320 千克,在常温下充分混合均匀。

Ⅲ. 菌液拌料:将配置好的菌液喷洒在 1 吨粉碎好的粗饲料上,充分搅拌均匀。

Ⅳ. 厌氧发酵:将混拌好的饲料一层层地装入发酵窖(池)内,随装随踩实。当料装至高出窖口 30～40 厘米时,上面覆盖塑料薄膜,再盖 20～30 厘米厚的细土,拍打严实,防止透气。少量发酵,也可用塑料袋,其关键是压实,创造厌氧环境。

Ⅴ. 开窖喂用:封窖后夏季 5～10 天,冬季 20～30 天即可开窖喂用。开窖时要从一端开始,由上至下,一层层喂用。窖口要封盖,防止阳光直射、泥土污物混入和杂菌污染。优质的发酵料具有苹果香味,酸甜兼具,经过适当驯食后,兔即可正常采食。

②秸秆微贮法:发酵活杆菌是由木质纤维分解菌和有机酸发酵菌通过生物工程技术置备的高效复合杆菌剂,用来处理作物秸秆等粗饲料,效果较好,制作方法如下:

Ⅰ. 秸秆粉碎:将麦秸、稻草、玉米秸等粗饲料以铡草机切碎或粉碎机粉碎。

Ⅱ. 菌种复活:秸秆发酵活杆菌菌种每袋 3 克,可调制干秸秆 1000 千克,或青秸秆 2000 千克。在处理前,先将菌种倒入 200 毫升温水中充分溶解,然后在常温下放置 1～2 小时后使用,当日用完。

Ⅲ. 菌液配制:以每吨麦秸或稻草,需要活菌制剂 3 克,食盐 9～12 千克(用玉米秸可将食盐降至 6～8 千克),水 1200～1400 千克的比例配置菌液,充分混合。

Ⅳ.秸秆入窖:分层铺放粉碎的秸秆,每层20～30厘米厚,并喷洒菌液,使物料含水率在60%～70%,喷洒后踏实,然后再铺第二层,一直铺至高出窖口40厘米时再封口。

Ⅴ.封口:将最上面的秸秆压实,均匀洒上食盐,用量为每平方米250克,以防止上面的物料霉烂,最后盖塑料薄膜,往膜上铺20～30厘米的麦秸或稻草,最后覆土15～20厘米,密封,进行厌氧发酵。

Ⅵ.开窖和使用:封窖21～30天后即可喂用。发酵好的秸秆应具有醇香和果香酸甜味,手感松散,质地柔软湿润。取用时应先将上层泥土轻轻取下,从一端开窖,一层层取用,取后将窖口封严,防止雨水浸入和掉进泥土。开始饲喂时,兔可能不习惯,有7～10天的适应期。

3. 能量饲料的加工调制

能量饲料的营养价值及消化率一般都较高,但是常常因为籽实类饲料的种皮、秕壳、内部淀粉粒的结构及某些精料中含有不良物质而影响了营养成分的消化吸收和利用。所以这类饲料喂前也应经过一定的加工调制,以便充分发挥其营养物质的作用。

(1)粉碎:粉碎是最简单、最常用的一种加工方法。经粉碎后的籽实便于咀嚼,增加饲料与消化液的接触面,使消化作用进行比较完全,从而提高饲料的消化率和利用率。

(2)浸泡:将饲料置于池子或缸中,按1∶(1～1.5)的比例加入水。谷类、豆类、油饼类的饲料经过浸泡,吸收水分,膨胀柔软,容易咀嚼,便于消化,而且浸泡后某些饲料的毒性和异味便减轻,从而提高适口性。但是浸泡的时间应掌握好,浸泡时间过长,养分被水溶解造成损失,适口性也降低,甚至变质。

(3)切片、刨丝:多汁饲料多为块根、块茎类,如胡萝卜、马铃薯等,喂前洗净,切片、刨丝后与干草粉、麦麸混合应用。发芽的马铃薯要去掉发芽部分,以防中毒。

(4)发芽:为解决冬、春季节青饲料缺乏的问题,一般可将大麦、稻谷、玉米等谷物饲料发芽后喂兔,以提高饲料的营养价值。制作时先将发芽用的籽实类饲料置于45～55℃的温水中浸泡32～36小时,捞出后平摊在草席上,厚度以5～8厘米为宜,上盖塑料薄膜,维持23～25℃的环境温度,每天用35℃温水喷洒3～5次,5～7天后即可发芽。一般以芽长5～8厘米时喂兔营养最好。

(5)炒香:冬季可将高粱、玉米、豆类等炒后粉碎,同其他饲料混合后饲喂,这样能提高适口性和消化率,增加采食量。

第三节　日粮配合与制粒

传统养兔多以单一或几种饲料混合喂兔,不能满足肉用兔的营养需要,饲料营养不平衡,因此影响肉用兔的生产性能。因为任何一种饲料都不可能满足肉用兔不同生理阶段对各种营养物质的需要,而只有多种不同营养特点的饲料相互搭配,取长补短,才能满足肉用兔的营养需要,克服单一饲料营养不全面的缺陷。

配合饲料就是根据不同品种、生理阶段、生产目的和生产水平等对营养的需要和各种饲料的有效成分含量把多种饲料按照科学配方配制而成的全价饲料。利用配合饲料喂兔,能最大限度地发挥肉用兔的生产潜力,提高饲料利用率,降低成本,提高效率。

一、日粮配合的一般原则

日粮是指每只肉用兔1昼夜所采食的各种饲料量。日粮配合就是根据饲养标准，按不同年龄、体重、生理状态对营养物质的需要数量，采用多种饲料搭配而成的配合饲料。

1. 符合消化生理特点

肉用兔是单胃草食动物，日粮中应以粗料为主，精料为辅，同时还应考虑到肉用兔的采食量，容积不宜过大，否则即使日粮营养全面，但因营养浓度过低而不能满足肉用兔对各种营养物质的需要量。

2. 注意饲料的适口性

用于配合日粮的饲料必须适合肉用兔的习性和口味。饲料适口性的好坏直接影响到肉用兔的采食量，适口性好的饲料肉用兔爱吃，就可提高饲养效果；如果适口性不好，即使饲料营养价值很高，也会降低其饲养效果。因此，在设计配方时，应熟悉肉用兔的嗜好，选用合适的饲料原料。一般而言，肉用兔喜吃味甜、微酸、微辣、多汁、香脆的植物性饲料；不爱吃有腥味、干粉状和有其他异味（如霉味）的饲料。

3. 多样性

不同的饲料种类其营养成分差异很大，单一饲料很难保证日粮平衡，采用多种饲料搭配，有利于营养物质的互补作用，从而满足肉用兔的营养需要。所以，配合饲料一般应选用4～5种以上不同原料配合而成。

4. 廉价性

选择饲料种类，要立足当地资源。在保证营养全价的前提下，尽量选择那些当地产品、数量大、来源广、容易获得、成本低的饲料种类。要特别注意开发当地的饲料资源，如农副产品下脚料等。

5. 安全性

选择任何饲料，都应对兔无毒无害，符合安全性的原则。青饲料及果树叶要防止农药污染；有毒饼类(如棉饼、菜籽饼等)要脱毒处理，在无脱毒或脱毒不彻底的情况下，要限量使用，块根块茎类饲料应无腐烂；其他精料如玉米、麸皮等应避免受潮发霉。配好日粮的营养水平要与选用的饲养标准基本符合，允许误差为±1%～5%。

6. 饲料质量要好

肉用兔对霉菌极为敏感，配合饲料应严禁选用各种发霉变质的饲料，以免引起中毒。配合日粮应保持相对稳定，不宜变化太大、太快，以免带来不良影响。如必须更换，亦需逐步进行，让兔子有一个适应过程。

评定日粮配方优劣的方法是进行小范围的饲养试验，一旦确定所配日粮，且具有生长快、饲料转化率高、成本较低的效果，即可投入加工生产。

7. 因兔制宜

要根据肉用兔的不同品种、性别、生理阶段，参照营养标准及饲料成分表进行配制，不可照搬饲养标准，也不可千篇一律让所有的兔子都吃一种料。比如，较耐粗饲的塞北兔、比利时兔和虎皮黄兔的饲料配方应与对营养要求较高的新西兰兔等有所区别。仔兔(补料)、幼兔、母兔空怀期、妊娠期及泌乳期等阶段的饲料应有所区别。而同一品种和同一生产阶段，不同生产性能的兔子的饲料也应有所不同。

8. 因时制宜

设计配方要根据季节和天气情况而灵活掌握在农村，夏秋季节青饲料可以供应，只要设计精料补充料即可，而在冬春季节，青饲料缺乏，在配方设计时，应增补维生素，并适当补喂多汁饲料。在多雨季节应适当增加干料，在季节交替时，饲料应逐渐过渡等。

9. 因地制宜

日粮配合选用的饲料应根据条件，充分利用经济实惠、营养丰富、价值低廉的饲料资源，特别是蛋白质饲料，如利用蚕蛹(含粗蛋白质 48.4%)、槐树叶粉(含粗蛋白质 19.3%)、苜蓿干草粉(含粗蛋白质 20.1%)等，则可降低成本。

二、日粮配方

为了方便农户或养殖场合理配料，下面列出一些配方供养殖者参考。

1. 育肥兔饲料参考配方

(1)仔兔试吃料阶段(16～22 日龄)参考配方：玉米 26.4%，高粱 2%，麸皮 12%，豆粕 20%，草粉 30%，杨花粉 2.5%，苜草粉或蒜叶粉 2%，骨粉 2%，豆奶粉 2%，含碘食盐 0.3%，蛋氨酸 0.2%，赖氨酸 0.2%，兔宝 0.4%。严禁饲喂青草。

(2)仔兔补料阶段(22～30 日龄)参考配方：草粉 14%，豆粕 23%，玉米 30%，麦麸 27.5%，骨粉 2%，食盐 0.5%，兔用添加剂 1%，鱼粉 2%。

(3)幼兔断奶适应阶段(31～60日龄)参考配方:玉米26%,高粱2%,麸皮14%,豆粕18%,草粉35%,草粉2%,骨粉2.3%,含碘食盐0.3%,兔宝0.4%。

(4)幼兔育肥阶段(60～90日龄)参考配方

配方一:麦麸30%,玉米6%,豆饼15%,麦芽很32%,草粉15%,石粉1.5%,食盐0.5%,另加蛋氨酸0.2%,添加剂0.5%,抗球虫药适量。

配方二:苜蓿22%,豆饼11.5%,玉米22.5%,麦麸32.5%,大豆秸粉8%,石粉1.2%,食盐0.3%,添加剂2%。

配方三:麦麸30%,草粉24%,大麦15%,玉米8.5%,豆饼10%,菜籽饼8%,鱼粉2%,石粉1.5%,食盐1%。

配方四:玉米25%,麦麸23%,豆饼15%,花生皮10%,酒糟10%,棉仁饼5%,花生饼8%,骨粉2.5%,食盐0.5%,添加剂1%。

配方五:玉米30%,麦麸5%,槐叶25%,花生秧15%,香油渣8%,豆饼5%,花生饼5%,棉仁饼5%,骨粉0.5%,食盐0.5%,添加剂1%。

配方六:玉米30%,麦麸10%,花生饼5%,菜籽饼4%,棉饼3.5%,豌豆粉丝蛋白7%,香油渣6%,草粉33%,磷酸氢钙0.4%,食盐0.5%,兔乐0.5%,蛋氨酸0.1%。

配方七:玉米30%,麦麸3%,花生饼2%,豌豆粉丝蛋白8%,香油渣6%,草粉30%,麦芽根10%,大麦皮10%,食盐0.5%,兔乐0.5%。

2. 后备兔饲料参考配方

(1)1～2月龄参考配方:玉米20%,豆饼20%,麦麸15%,米糠15%,草粉25%,骨粉3.5%,食盐1%,生长素

0.45%,速大壮0.05%。每兔日喂30～50克,另加青料200～300克。

(2)3～5月龄参考配方:玉米10%,豆饼25%,麦麸15%,米糠10%,草粉35%,骨粉3%,食盐1.5%,生长素0.45%,速大壮0.05%。每兔日喂60～80克,另加青料400～600克。

(3)6月龄以上参考配方:玉米15%,豆饼11%,麦麸20%,草粉50%,骨粉2%,食盐1.5%,生长素0.5%。每兔日喂80～100克,另加青料700～800克。

3. 种公兔饲料参考配方

(1)配种期参考配方:玉米11%,豆饼25%,麦麸20%,草粉40%,骨粉2%,食盐1.5%,生长素0.5%。日喂量150～200克,另加维生素E 1片(分2次拌料饲喂),青料700～800克。

(2)非配种期参考配方:玉米15%,豆饼13%,麦麸20%,草粉50%,食盐1.5%,生长素0.5%。每兔日喂100克,另加青料700克～800克。

4. 母兔饲料参考配方

(1)空怀母兔参考配方:草粉50%,麦麸20%,玉米15%,豆饼11%,骨粉2%,食盐1.5%,生长素0.5%,每兔日喂80～100克,青料700～800克。另在配种前10～15天,每兔每天加喂维生素E 1片,分2次拌料饲喂,以促进发情。

(2)怀孕母兔参考配方

配方一(怀孕15天前):玉米15%,豆饼11%,麦麸20%,草粉50%,骨粉2%,食盐1.5%,生长素0.5%。每兔日喂

100～110 克，另加青料 700～800 克。

配方二（怀孕 15 天后）：玉米 15%，豆饼 25%，麦麸 20%，草粉 34%，骨粉 4%，食盐 1.5%，生长素 0.5%。每兔日喂 110～130 克，青料必须控制在 600 克以下。

（3）哺乳母兔参考配方

配方一：红薯秧 8%，花生秧 10%，酒糟 8%，洋槐叶 10%，玉米 32%，麦麸 5.5%，豆饼 8%，花生饼 10%，棉仁饼 6%，骨粉 1%，食盐 0.5%，添加剂 1%。

配方二：玉米 35%，麦麸 9%，槐叶粉 20%，花生秧 10%，香油渣 8%，豆饼 5%，花生饼 2%，棉仁饼 4%，小米糠 5%，骨粉 0.5%，食盐 0.5%，添加剂 1%。

配方三：玉米 21%，麦麸 18%，花生饼 8%，豆饼 6%，花生皮 10%，啤酒糟 20%，玉米皮 8%，棉仁饼 6%，骨粉 1%，贝壳粉 0.5%，食盐 0.5%，添加剂 1%。

配方四：玉米 17%，小麦 10%，麦麸 20%，黄豆 12.8%，米糠 18%，菜籽饼 6%，蚕蛹 3%，草粉 10%，贝壳粉 2.2%，食盐 0.5%，添加剂 0.5%。

配方五：麦麸 24%，玉米 10%，豆饼 8%，菜籽饼 3%，槐叶 15%，花生藤粉 35%，石粉 1.5%，酵母粉 1%，食盐 0.5%，骨粉 1%，蛋氨酸 0.2%，添加剂 0.8%。

三、饲料制粒

将粉状饲料用制粒机压制成为一定规格的圆柱状、颗粒，称为颗粒饲料（图 3-1），是集约化养兔生产重要的技术措施，是饲料工业中比较先进的加工技术，随着畜牧业、水产养殖业的发展，颗粒饲料生产的重要性越来越显著。

图 3-1　颗粒饲料

1. 颗粒饲料的制作

(1)原料粉碎:根据饲料配方,在其他因素不变的情况下,原料粉碎得越细,产量越高。一般粉碎机的筛板孔径以 1～1.5 毫米为宜。对于储备的粗饲料,一般应选择晴天的中午加工。

(2)称量混合:按设计好的饲料配方称量好配料后,为使原料混合均匀,一般卧式带状螺旋混合机每批宜混合 2～6 分钟,立式混合机则需混合 15～20 分钟。如果没有混合机,则可放在水泥地上搅拌均匀,过筛 3～5 次,到饲料色泽均匀一致为止。

混合时要注意以下问题:

①微量元素添加或预防用药物制成预混料。

②控制搅拌时间。

③适宜的装料量:每次混合料以装至混合机容量的 60%～80%为宜。

④合理的加料顺序：配比量大的组分先加，量少的后加；比重小的先加，比重大的后加。此外，对于干进干出的制粒机，须在制粒前搅拌时加入一定比例的水分。

(3)压制成形：一种是风干粉料加适量水分(应小于5%，最多不超过10%)，均匀拌和后通过颗粒压制机压制成颗粒状；另一种是风干粉料通过颗粒压制机直接压制成颗粒状，即干进干出，颗粒硬度高，光洁度好，含水量低，贮存时间长。

(4)成品规格：优质颗粒饲料，感官指标应色泽一致，无发霉、变质、结块及异味；要求产品形状均匀，硬度适宜，表面光洁；水分含量北方不高于14%，南方不高于12.5%；颗粒长度应控制在10～15毫米，直径为3～5毫米，粉化率应在5%以下。

2. 颗粒饲料的贮存保管

(1)添加防霉剂：目前生产中常用的防霉剂主要有丙酸钠、丙酸钙和胱氨醋酸钠等，用量可根据保存期长短、含水量高低酌情而定。防霉剂应在粉料拌和时添加，方可取得良好效果。

(2)控制含水量：颗粒饲料出机后要及时冷却，必要时可在烈日下晾晒。贮存时成品含水量一般控制在12%以下。

(3)改善贮存环境：颗粒饲料应离地堆放，底层用木条垫起，防止回潮霉变；贮存房间应通风、干燥，盛器应干净、无毒，最好用双层塑料袋包装(外层用编织袋，内层用塑料薄膜袋)。

(4)防止虫、鼠害：严重的虫害与鼠害，不仅会耗损大批饲料，还会引起其污染变质，损失巨大。因此，要采用多种方法杀虫、灭鼠；建造仓库时，也应选用防虫害、鼠害的材料，进行科学的设计施工。

(5)缩短贮存期:颗粒饲料,最好现用现制,用多少制多少。实践表明,随着饲料存放的时间加长,维生素、抗生素功效会明显下降,饲料逐渐吸湿,引起发霉变质。因此,应尽量缩短其贮存期。

3. 饲料饲喂

(1)饲喂方式

①自由采食:即经常备有饲料和饮水,任其自由采食,一般大型养兔场多采用这种方式,常用的饲料为全价颗粒饲料,优点是能充分发挥兔的生产性能。

②定时定量:即限量饲喂,每天喂兔的饲料数量、饲喂时间和喂料次数都是一定的,这样可使兔养成良好的采食习惯,增进食欲,有利于饲料的消化吸收。每天饲喂次数,一般成年兔为3～4次,青年兔4～5次,幼兔可增加到5～6次,通常精料分2次喂给,青料分3次喂给。

③混合法:即基础饲料(青饲料、粗饲料等)采取自由采食方式,补充饲料(精饲料或颗粒饲料)采取限量饲喂。

根据生产实践,要养好兔,应按营养需要和季节特点,制订出喂兔的操作日程,并要保持相对稳定,不要忽早忽迟,也不能饥饱不均。在饲喂过程中,要掌握先喂草,后喂料,这样既能让兔吃饱吃好,又能使饲料得到充分消化,提高饲料利用率。根据兔昼静夜动的特点,饲喂时应掌握早餐要早,晚餐要晚,中餐要精的原则。

(2)饲喂注意哪些事项

①饲料多样化:饲料品种不同,所含的营养成分不同,适口性也不同。如果将多种饲料配合制成颗粒饲料喂兔,特别是将禾本科饲草与豆科饲草搭配,不单增加了饲料的适口性,

兔分泌的消化液增加、消化吸收率增高，而且各种饲料中所含的不同营养成分起互补作用，营养利用率也会高。如果长期喂单一的饲料，不仅满足不了其对营养物质的需求，还会造成兔营养缺乏，影响生长发育。

②实行“夜饲”：兔有较强的夜食性，夜间采食量可占全天采食量的75％以上。因此，晚上睡前在饲槽里放上饲料让兔夜间随意采食，饮水器内保持存有清洁的饮水。第2天早晨检查，如果吃得干干净净，说明给的量不足，还应添加，以微剩些饲料较为适宜。

③切实注意饲料品质：兔对饲料的选择比较严格，凡被践踏、污染的草料，霉烂、变质的饲料，一般都拒绝采食。对怀孕母兔和仔兔尤应重视饲料品质，以防引起仔兔肠胃炎和母兔流产。为了改善饲料的适口性，提高消化率，各种饲料在饲喂前必须适当加工、调制。

Ⅰ. 青草和蔬菜类饲料应先剔除有毒、带刺植物，如受污染或夹杂泥沙则应清洗晾干再喂。水生饲料更要注意清除霉烂、变质和污染部分，晾干后再喂。对含水量高的青绿饲料应与干草搭配饲喂，单喂效果不好。另外，带露水或下雨以后带泥水的草、菜和树叶，应晾干后再喂，以防水分过多，造成采食过量而拉稀。

Ⅱ. 粗饲料（干草、秸秆、树叶等）应先清除尘土和霉变部分，最好粉碎成干草粉与精料制成颗粒饲料饲喂。

Ⅲ. 块根饲料，要经过挑选、洗净、切碎，最好刨成细丝与精料混合饲喂；冰冻饲料一定要解冻或煮熟后方可饲喂。

Ⅳ. 谷物饲料（大麦、小麦、玉米等）和油饼类饲料均需磨碎或压扁，最好与干草粉拌湿或制成颗粒饲料饲喂。

Ⅴ.注意鉴别有毒植物:在正常情况下兔对有毒植物有一定的分辨能力,并予拒食。但在饥饿状态下,或粉碎、混合情况下,有可能吃进有毒植物,引起中毒,如苍耳、草乌、菖蒲、毒芹、防风、独活、野棉花、野烟、蓖麻、土豆茎叶和蓖麻等,兔采食后会引起胀肚、呕吐、拉稀,呼吸困难、抽风、休克、甚至死亡。

另外,兔不要喂青贮饲料。食盐用量为0.5%~1%,要调成盐水加在少量的精料内,拌匀后再加料拌匀。严禁用大粒食盐加在饲料内,以免搅拌不匀而导致食盐中毒。还需注意含水分过多的饲料,如西瓜皮、胡萝卜、白萝卜、白薯、白菜等,不要让其随意采食,要限量饲喂,否则会造成兔拉稀。

④调换饲料逐渐增减:夏、秋以青绿饲料为主,冬、春以干草和根茎类、多汁饲料为主。饲料改变时,新换的饲料量要逐渐增加,使兔的消化机能与新的饲料条件逐渐适应起来。若饲料突然改变,容易引起兔的肠胃病而使食量下降或绝食。

⑤个别补饲:对孕兔、哺乳母兔、仔兔需要进行补饲。实践证明,用黄豆补饲既经济、效果也好。将黄豆先用清水泡软,然后煮熟,加0.2%~0.3%的食盐直接喂饲,刚断奶的幼兔可将煮熟的黄豆用打浆机打碎喂给。

⑥不能口服抗菌类药物:这类药物进入消化道,会杀死或抑制肠内有益细菌,影响兔的正常消化机能。在使用抗生素时,最好采用肌内注射,皮下注射或静脉注射。

⑦养殖兔投料时还要注意以下几点

Ⅰ.看兔体大小投料:一般情况下,个体大的成年兔投料要多一些,青年兔、幼兔的投料量要少一些。一般兔的颗粒饲料日喂量,哺乳母兔控制在140克,幼兔60克,青年兔95克,成年兔 80 克，种公兔或怀孕母兔 90 克左右。

Ⅱ. 看兔的肥瘦投料：较肥的兔应适当减少精饲料的投喂量，增加青、粗饲料的投喂量；瘦弱的兔应多投喂一些精饲料，适当补喂一些浸泡、煮熟的黄豆或捣碎的豆渣。

Ⅲ. 看兔的粪便投料：每天早晨喂料时要认真观察兔粪，根据兔粪的干、湿情况或结块与否来调节饮水供应量。若粪便干结，则说明兔体内缺水，此时应增加饮水供应量；若粪便较稀，则说明兔摄入的水分相对较多，此时应适当增加干饲料的投喂量、减少青饲料的投喂量和饮水供应量。

Ⅳ. 看兔的饥饱投料：兔的饥饱主要反映在兔肚子的大小上，肚子瘪缩说明兔饥饿，应适当增加喂料量；若兔的肚子较大，则表明兔很饱，要适当控制喂料量。一般情况下，喂兔都以喂到八成饱为宜，喂得过饱容易引起兔消化不良，从而诱发腹泻等肠道疾病的发生；喂料不足，则会影响兔正常的生长发育。

Ⅳ. 看天气变化投料：肉用兔有白天安静，晚上活动的习性，应该掌握“早餐要早，晚餐要晚，中餐要精”的原则，当气温超过 30℃时，要以早、晚喂料效果为好，同时以喂冷食、凉饲料或青绿饲料为好，冬季天寒夜长，应该注意晚料晚喂。

第四章 饲养管理

兔具有较高的繁殖力和优良的繁殖特性，因此，合理适量配种，力争做到多怀、多产、多活，护好繁育，是扩大种群数量、提高兔群质量、增加经济效益的重要措施。

第一节 引种及相关准备

春季、秋季及初冬是比较适宜的引种季节，当气温超过30℃、低于－5℃以及雨、雪天气时，不适合引种。如果遇到特殊情况，确实需要在冬季和夏季引种，必须做好保温、防暑工作。

1. 引种前3～4个月

无论养殖何种动物，养殖者都要掌握其生物学特性(生活习性、摄食特性、消化特性、繁殖特点和生长特点等)，以便于进行繁殖、育种、饲养管理等。

(1)生活习性

①昼静夜动：兔具有昼静夜动的特点，白天安静地卧于笼中，夜间十分活跃，并大量采食，据观察晚上所采食的日粮占全日粮的75%左右，饮水占60%左右。故在饲养管理中必须考虑到这一习性，合理安排饲养日程，晚上要喂足料，饮足水，有条件的养兔场或专业户应安装自动饮水器，使肉用兔能随

时饮到足够而清洁的水。

②胆小怕惊：兔由于长期昼静夜动，形成视觉退化，听觉和嗅觉比较灵敏，对外界环境的变化非常敏感，遇有异常响声，或竖耳静听，或惊惶失措，或乱蹦乱跳，或发出很响的顿足声，甚至引起惊群，导致食欲不振，母兔流产，咬伤或残食仔兔。在饲养管理中，应尽量避免引起兔子惊慌的声响，同时要禁止陌生人和猫狗等进入兔舍。

③喜干厌湿：肉用兔喜欢清洁、干燥的环境，常躺卧于干净的地方，成年兔的粪尿大都排在某个固定的角落，而且常用舌头舔自己的前肢和其他部位的毛被，以清除身上的污秽之物。兔的汗腺不发达，主要靠呼吸散热，故长期处于高温(35℃以上)的潮湿环境会引起大批死亡。实验证明，成年兔的最理想的环境温度为14～20℃，初生仔兔窝内温度为30～32℃。

肉用兔的喜干厌湿习性是一种适应环境的本能。因为其抗病力差，容易感染各种病原微生物，不清洁和潮湿的环境，则有利于病原微生物和寄生虫的繁殖，增加肉用兔的患病机会。所以，饲养肉用兔一定要搞好环境卫生，保持笼舍干燥，防雨防潮，对养好肉用兔是很重要的。

④不合群，好独居：成年兔群居性很差，在群养情况下，公、母兔之间或同性别之间常常发生争斗现象，特别是公兔之间尤为严重，轻者损伤皮毛，重者严重致伤，甚至咬坏睾丸，失去配种能力。因此，种兔特别是种公兔和妊娠、哺乳母兔宜单笼饲养。

⑤啮齿行为：肉用兔的门齿为恒齿发达而锐利，并不断生长，必须通过啃咬硬物磨损其牙齿，才能保持上下颌齿面的吻

合；而且肉用兔上唇形成豁唇，门齿外露，更便于啃咬。肉用兔的这种习性常常造成笼具及其他设备的损坏，为避免造成不必要的损失，建造兔笼和选用用具时应注意其坚固性和耐用性，在兔笼内也可投放一些短树枝或硬干草等，任其自由啃咬、磨牙，既照顾了兔的习性，又可减少对兔笼的损坏。

(2)摄食特性

①采食行为：肉用兔喜欢采食植物性饲料，不喜欢采食鱼粉、肉粉等动物性饲料，而且对料型、质地等均有明显的选择性，喜欢采食有甜味的饲料和多叶鲜嫩的青饲料，如豆科、菊科和十字花科等多种野草；在谷类饲料中喜欢吃整粒的大麦、玉米和全价颗粒饲料，而不喜欢粉料。采食草料时，一般先吃叶片，后吃茎、根；采食短草时，下颌运动很快，每分钟可达180～200次。采食时，常表现有扒槽习性，用前肢将饲草或饲料扒出草架或食槽，有时甚至会掀翻食槽。

②饮水行为：饮水对肉用兔的生长和健康有明显的影响，特别是幼兔的需水量明显高于成年兔，每日饮水量为干物质消耗量的2～2.5倍。9～10周龄、平均体重1.7～1.8千克的幼兔，每日需水量为0.21～0.22升；25～26周龄、平均体重3.9～4千克的成年兔，每日需水量0.34～0.35升。据观察，如果喂饲干料而不给饮水，则采食量明显下降。

肉用兔的饮水时间多在采食干饲料之后，每次饮水10～20毫升，夜间饮水量为全天的60%左右。饮水量的多少，还受外界气候条件的影响。在气温9℃时，体重为3.9～4千克的成年兔每昼夜需饮水0.29～0.3升；而在28℃时，每昼夜饮水则增加到0.45～0.48升。因此在没有自动饮水系统的情况下，应做到早、晚各供水1次。

③哺乳行为：仔兔出生后即会寻找奶头，母兔边产仔边让仔兔吮乳。吸乳时多呈仰卧姿势，除发出"啧啧"声外，后肢还不停地移动，以寻找适当的支点便于吸吮。仔兔吃奶并非有固定的奶头，常常一个奶头吸几口再换 1 个，吸吮时总将奶头衔得很紧。

12 日龄以内的仔兔除了吃奶就是睡觉，吃饱时表现为皮肤红润，腹部绷紧，隔着肚皮可见乳汁充盈，这是母奶充足的表现。

母兔哺乳一般每天 1 次，时间多在 0～6 点，每次哺乳持续时间为 1.5～2 分钟。哺乳结束时，有的仔兔常被母兔带到窝外（即吊奶），如发现不及时，又逢寒冷天气，常会被冻死，在饲养管理上必须引起重视。

④食粪行为：健康肉用兔排出 2 种粪便：一种是白天排出的硬粒状粪便（硬粪），另一种是夜间排出的软团状粪便（软粪）。软粪由暗色成串的小粪球构成，球外包有具特殊光泽的外膜。这种软粪来自盲肠，粪粒中含有生物学价值较高的蛋白质和水溶性维生素，兔子有吞食这种粪便的习性。

据观察，肉用兔吞食的全部为软粪，每天吞食的粪便占粪便总量的 50%～80%。幼兔食粪始于 3 周龄，6 周龄前食粪量很少；成年兔大约在采食 4 小时后开始食粪，持续时间为 3～4 小时，有时达 4～5 小时，随后出现较短的第 2 个食粪期。软粪一排出肛门即被吃掉，肉用兔采食软粪后，每次咀嚼 15～60 秒钟，咀嚼次数达 40～150 次。肉用兔的这种食粪行为是正常的生理现象，一旦患病即停止食粪。

(3)消化特性：肉用兔的消化特点是与其草食为主的采食习性相适应的，能有效利用低质高纤维饲料和粗饲料中的蛋白质，还具有耐高钙日粮等特点。

①能有效利用低质高纤维饲料：肉用兔依靠盲肠中的微生物和球囊组织的协同作用，能有效地利用低质高纤维饲料。据试验，在肉用兔日粮中供给适量的粗纤维饲料，对肉用兔的健康是有益无害的，如果饲料中粗纤维含量过低或极易消化，向盲肠的输送物增多，而盲肠内容物缺少供给盲肠微生物所需要的养料，这样就使一部分有害细菌大量增殖而引起肠炎、腹泻，甚至死亡。因此，在肉用兔日粮中应提供适量的粗纤维，以保证消化道的正常输送和消化吸收。

②能充分利用粗饲料中的蛋白质：据试验，肉用兔对青粗饲料中的蛋白质有较高的消化率。兔对苜蓿干草中的粗蛋白质，消化率达73.7%，与马几乎相等；而对低质量的饲用玉米颗粒饲料中的粗蛋白质，消化率达80.2%，远高于马。

③能耐受日粮中的高钙比例：肉用兔对日粮中的钙、磷比例要求不像其他畜禽那样严格。试验表明，肉用兔日粮中的含磷量不宜过高，只有钙、磷比例为2∶1以下时，才能忍受高水平磷，过量的磷由粪尿排出体外。日粮中含磷量过高，还会降低饲料的适口性，影响肉用兔的采食量。

(4)繁殖特性：肉用兔的繁殖过程与其他家畜基本相似，但也有其独特之处。了解这些生理特性有助于掌握肉用兔的繁殖规律。

①繁殖力强：肉用兔繁殖力强的表现是：性成熟早(3～6月龄)，妊娠期短(30～31天)，一年四季均可繁殖；一年多胎，母兔产后不久即可配种受孕。据报道，1只繁殖母兔，最多的一年可繁殖8～11胎，提供商品肉用兔55只。

②阴道射精：母兔的阴道很长，而公兔的阴茎很短，这种

奇特的生殖器官结构，决定了公兔的射精位置在阴道。在自然交配情况下，不会发生什么问题；但在人工授精时，往往因输精管插得过深，可能插入一侧子宫颈口内，招致一侧子宫受孕，另一侧不孕的现象。

③刺激性排卵：肉用兔属刺激性排卵动物，没有明显的发情周期，排卵不是发情的必然结果。卵巢中的成熟卵子在没有性刺激的情况下，不会轻易排出，只有经交配刺激后才能排出，如无交配刺激则逐渐被机体所吸收，这种特性在生产上是有益的。实践证明，可以采取强制交配的方法或给母兔注射绒毛膜促性腺激素，促使母兔排卵、受孕，以增加产仔胎数，提高繁殖率。

④母兔“假孕现象”：在生产实践中，偶尔可见有的母兔在受性刺激后排卵而未受精，就会出现假孕现象，即出现类似妊娠母兔的假象，如不接受公兔交配、乳腺膨胀、衔草筑窝等。造成假孕现象的外因可能是不育公兔的性刺激，或群养母兔的相互追逐爬跨，引起母兔排卵而未受孕；其内因可能是排卵后，由于黄体存在，孕酮分泌，使乳腺激活，子宫增大，从而出现假孕现象。假孕现象的持续时间为16～17天，由于没有胎盘，加之黄体消失，孕酮分泌减少，从而中止假孕现象。

⑤公兔“夏季不育”：在肉用兔的繁殖实践中，经常碰到“夏季配种难”的问题，主要在于公兔的性欲和精液品质上。据测试，春季（3月份）公兔性欲最旺盛，射精量最多，精子密度最大、活力最好；夏季（7月份）公兔性欲最差，精子活力下降，浓度降低，死精和畸形精子比例增大，这种现象就叫公兔的“夏季不育”现象。造成公兔“夏季不育”的主要原因就是气温和光照。肉用兔对环境温度的反应极为敏感，当外界温度

高于 32℃时，公兔体重减轻，性欲下降，睾丸呈实质性萎缩，阴囊下垂变薄，射精量减少，精子密度降低，死精和畸形精子增加。由此可见，精液品质恶变是公兔夏季不育的根本原因。

(5)体温调节特性：肉用兔是较耐寒怕热的动物，体温调节机能不如其他家畜完善。因此，在炎热季节往往影响其正常的生理机能，乃至健康与繁殖。

①正常体温：肉用兔具有相对恒定的体温，其正常体温保持在 38.5～39.5℃范围内。初生仔兔因体温调节系统尚未发育完善，故体温随环境温度的变化而变化，一般要到开眼时(10～12 日龄)才恒定。所以在生产上要特别注意对仔兔的管理，以免因仔兔受寒而造成大批死亡，降低成活率。

②调节特点：肉用兔的汗腺极不发达，仅分布于唇的周围。所以，对热调节机能就没有其他家畜那么完善。

• 成年兔体温调节不全：据测定，当外界温度由零下 10℃升高到 35℃时，肉用兔的体温由 37.5℃升高到 43℃，大大高于正常体温，且随年龄的不同，调节机能也有明显的差异。当气温由 25℃升高到 30℃时，45 日龄的幼兔体温为 39.7℃，而成年兔为 40.7℃；当气温由 30℃升高到 35℃时，幼兔体温为 39.9℃，而成年兔为 43.3℃。由此表明，幼兔能忍受较高的气温，而成年兔的体温调节机能则相对较差，不能忍受高温环境。

• 幼兔体温逐渐恒定：据测定，初生 10 天内的仔兔体温随环境温度变化而变化，10 日龄后逐渐达到恒定温度，至 30 日龄热调节机能进一步加强。因此，幼兔阶段要求较高的环境温度，在较低温度条件下则难以维持正常体温。

• 个体间存在着温度差异：据测定，肉用兔个体间的温度差异为0.5～1.2℃。成年兔体温夜间比白天低0.2～0.4℃，夏季比冬季高0.5～1℃。由此可见，肉用兔的新陈代谢随外界气温变化而剧烈变化。为保证肉用兔的健康和保持较高的生产性能，必须提供适宜的环境温度。

③调节方式：肉用兔的体温调节方式，主要通过物理（散热）和化学（产热）方式加以调节。当外界温度下降时，为限制体热的散失，就减少活动和呼吸次数，降低血液流量，以减少热量损失；当外界温度升高时，增加呼吸次数和血液流量来加快体热的散发。据测定，当外界气温由20℃升高到35℃时，呼吸次数由每分钟42次增加到238次。当外界气温下降、用物理方法不能维持正常体温时，就通过加强体内营养物质氧化，以增加产热量的方式来调节体温。但在这种情况下就会消耗大量营养物质，而降低生产性能。

（6）生长发育特点：肉用兔的生长速度很快，整个生命过程中的生长发育，大体可分为3个阶段，即胎儿期、哺乳期和断奶后期。

①胎儿期：从母兔怀孕到仔兔出生，即为胎儿期。这个时期的生长发育以怀孕后期为最快，在妊娠期的前2/3时间内，胚胎的绝对增长速度很慢，妊娠16天时胎儿仅重1克左右，21天胎儿的重量仅为初生重的10.82%；在妊娠后1/3时间内胎儿生长很快，生长速度不受性别的影响，但受怀胎数、母兔营养水平和胎儿在子宫内排列位置的影响。一般规律是怀胎数多，胎儿体重小；母兔营养水平低，胎儿发育慢；近卵巢端的胎儿比远离卵巢的胎儿重。

②哺乳期：从出生到断奶称为哺乳期。仔兔初生时全身裸露，眼睛紧闭，耳孔闭塞，不能自由活动。但是，出生后仔兔

的生长发育很快,3～4 日龄开始长毛,10～12 日龄开眼,21 日龄开始吃料。体重的增长也很快,一般品种初生体重仅 50～60 克,1 周龄时体重增长达 1 倍左右,4 周龄时体重可达成年体重的 12%,8 周龄时可达 40%以上。中型肉用品种,8 周龄体重可达 2 千克左右。

影响哺乳期仔兔生长速度的主要因素,除品种外,主要取决于母兔的泌乳力和同窝仔兔的数量。泌乳力越高,同窝仔兔越少,仔兔生长越快。

③断奶后期:断奶后的幼兔,随着周龄和体重的增长,日增重呈明显上升趋势。在良好的饲养管理条件下,中型品种在 8 周龄时达到生长高峰期,9 周龄后日增重逐渐下降;大型品种 10 周龄时达高峰期,11～12 周龄生长速度逐渐下降。

性别对幼兔的增重速度也有一定影响,但在 8 周龄内并不明显,8 周龄后则明显表现出来,公兔的生长速度落后于母兔。所以,同品种并在相同的饲养管理条件下,成年母兔的体重总是大于成年公兔的体重。

生产实践表明,从断奶至 3 月龄是肉用兔生长发育最快的时期,这一时期肉用兔平均日增重可达 30 克左右,是肉用兔生长较快的阶段,而且饲料利用率较高。

2. 引种前 2～3 个月

进行场地规划、建造兔舍。

3. 引种前 20～31 天

(1)考察本地或就近的供种单位,看是否有《种畜禽生产经营许可证》、《动物防疫卫生许可证》和检疫合格证、是否发生过传染病。要多考察几个供种单位,以便进行鉴别比较,然后再确定引种地区或引种场。

为保证引进种兔的质量，引种前应首先对种兔的品种纯度、来源、生产性能、疫情及价格等情况了解清楚。若遇传染病流行，应暂缓引种，自己不懂的要请内行帮助。

为避免近交，一是索要原有种兔的系谱资料，二是可在没有血缘关系的几个场引种。新购种兔，应要求供种单位事先进行疫苗预防注射和驱虫，并按生产计划安排好引种时间与数量，同时要签订购买合同并索要当地种兔防疫合格证明。

(2)引种前30天做好饲养人员的储备工作，要选择有责任心且扎实肯干的饲养人员。

4. 引种前16～19天

对饲养人员进行饲养技术的培训，让员工熟知工作标准、推进计划；知道饲养管理操作规程；掌握消毒的程序和方法；了解考核制度等。

5. 引种前13～15天

(1)按平均每兔占有0.05～0.08平方米、1兔1隔(格)。准备好引种运输笼具，笼具材料要坚固、抗压，兔笼竹底板毛刺先用砂纸打磨，然后用火焰消毒器喷烧一遍，确保笼底板光滑无毛刺。如果是铁丝笼底，用砂纸打磨光滑即可。

(2)根据运输笼具的尺寸，选择合理的车辆。还要考虑到寒冷天气的防寒保温，炎热天降热防暑问题。

6. 引种前8～12天

(1)养殖兔舍饮水系统安装到位，检查有无滴漏现象，确保水线密封性良好。

(2)笼门、料盒准备齐全并安装到位。

(3)如在冬季要检查兔舍保温设备是否正常;在夏季要检查风机或遮阳网等防暑设备是否正常。

(4)室内养殖按每平方米安装5瓦的白炽灯1个,可多准备一些。灯泡距地面高度2~2.5米。

(5)消毒药常用氢氧化钠、生石灰、漂白粉、新洁尔灭、过氧乙酸、高锰酸钾、甲醛溶液、灭菌净、苗毒敌、百毒杀等,这些药根据其作用交替使用,因此可多备几种消毒液。

(6)准备常用的一些药品,如多维、土霉素、恩诺沙星、庆大霉素等。根据本批兔数量准备各种疫苗,如兔瘟疫苗,兔病毒性出血症、多杀性巴氏杆菌病二联灭活疫苗,兔产气荚膜梭菌病(魏氏梭菌病)A型灭活疫苗等。

7. 引种前7天

选择干净无污染的饲料原料,如用颗粒饲料,要在提前1周储备充足的优质饲料。如用自己设计的配方,要提前7天将饲料准备加工好并放入仓库,要注意防潮防霉。

8. 引种前6天

(1)用清水对兔舍、兔笼进行全面冲刷。

(2)用火焰消毒器对兔笼进行火焰喷烧。

(3)兔舍工具及工作服全部放入舍内。

(4)室内兔舍,用福尔马林消毒,按每立方米空间用高锰酸钾21克、福尔马林42毫升熏蒸消毒,或福尔马林30毫升加等量水喷洒消毒,密闭熏蒸24~48小时,消毒效果较好(陶瓷盆在棚舍中间走道,每隔10米放1个;瓷盆内先放入高锰酸钾,后倒入甲醛;从离门最远端依次开始;速度要快,出门后立即把门封严;如湿度不够,可向地面和墙壁喷水)。

室外兔舍生石灰及3%氢氧化钠溶液消毒，消毒液要保证喷洒到每个角落。

9. 引种前5天

打开门窗、通气孔和排风扇，彻底排除多余熏蒸气体。通风时间不少于24小时，杜绝人员进出。

10. 引种前4天

清扫兔舍周围环境，道路、院落，用生石灰及3%氢氧化钠溶液消毒，消毒液要保证喷洒到位。

11. 引种前3天

将消毒好的料盒、饮水设施准备齐全并安装到位。

12. 引种前2天

将准备运输种兔的车辆清理干净，并用2%～3%来苏儿或0.02%百毒杀来消毒。消毒后笼底要放些防震的垫物，并准备好覆盖物。

13. 引种前1天

(1)设定好最佳行走路线、根据路途远近预算出到车辆到达时间，并提前通知种兔场做好种兔的准备工作。

(2)预防夏季高温堵车、冬天下雪等突发事故，并有应激预案。

(3)准备好卸车人员及相应的转运工具。

14. 引种当天

(1)种兔的挑选

①年龄的挑选：种兔年龄与生产、繁殖性能有着密切关系，因种兔的使用年限一般只有3～4年，所以在种兔选购过

程中必须重视年龄鉴别。肉用兔的年龄主要根据趾爪的长短、颜色、弯曲度，牙齿的色泽和排列，皮板的厚薄等进行鉴别。

Ⅰ. 青年兔：趾爪短细而平直，有光泽，隐藏于脚毛之中，白色肉用兔趾小基部呈红色，尖端呈白色。1岁以下，红多于白；1岁红色与白色长度相等；1岁以上，白多于红。有色的肉用兔可根据趾爪的长度与弯曲来区别，青年兔较短，直平，隐在脚毛中，随着年龄的增长，趾爪露出脚毛之外，而且爪尖钩曲。

Ⅱ. 壮年兔（1～3岁）：趾爪粗细适中、平直，随着年龄增长逐渐露出脚毛之外，白色兔趾爪颜色红白相等；门齿色白、粗壮、整齐；皮肤紧密厚实。

Ⅲ. 老年兔（3岁以上）：行动迟钝，趾爪粗长，爪尖钩曲，有一半趾爪露出于脚毛之外，表面粗糙无光泽，白色兔趾爪颜色白多于红；门齿厚长呈黄褐色，时有破损，排列不整齐；皮肤粗糙而松弛。

②数量选择：一般开始引种数量不宜过多，公、母兔比例1∶(2～3)，待取得经验后再逐步扩大规模。有养兔经验者，可根据资金、场地、设备等条件有计划地确定引种数量。

③品种特征选择：引种时，首先要看体型外貌，包括毛色、体型、头型、耳型、眼睛、肉髯、四肢等。看看这些特征是不是符合本品种或品系的品种特征，而且是不是一致；同时还要看体躯发育是不是正常，体重与年龄是不是相符。为了方便观察，最好引进3～4月龄、体重1.5～2.5千克的青年兔。当然，5～6月龄更佳，但成本略高，千万不要引进老龄兔和刚断奶的幼兔。不要购买怀胎兔，以免因运输颠簸引起流产。

④性别选择：3 个月以上的幼兔和青年兔鉴定时比较容易。方法是右手抓住耳和颈皮，左手中指和食指夹住兔尾，手掌托起臀部，用拇指推开生殖孔，其口部突出呈圆柱形者是公兔；若呈尖叶形，裂缝延至下方，接近肛门的是母兔（图 4-1）。

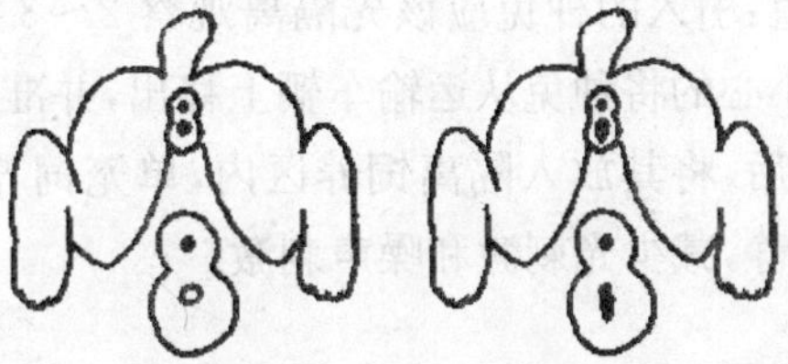

(a)公兔　　(b)母兔

图 4-1　性别鉴定

⑤健康选择：引种时，要选择健康无病的种兔。健康无病的种兔眼睛明亮有神，鼻孔干净、呼吸正常，牙齿啮合良好、无畸齿，耳穴干净，无结痂和污物，身体被毛有光泽、无耳螨、脚螨、真菌等皮肤病，肛门外部干净、无稀便沾污，阴部应清洁、无水肿、溃疡、结痂和脓性分泌物。公兔头型粗大、后肢发达、睾丸均称，无单睾或隐睾、富有弹性，阴囊干净无水肿和溃疡。母兔 4 对乳头对称、体况匀称。

（2）运输管理：购进的种兔运输前要从原种场带回每只种兔 0.5 千克，全部种兔够吃 7 天的饲料。

汽车行驶速度要根据道路状况决定，尽量保持平稳安全，保持种兔的正常状态，防止车内笼具颠覆或挤压。按照天气变化情况，每 2～3 小时停车 1 次，查看兔的状况，发现异常及时妥善处理。若遇炎热高温天气，可在树阴下停车避暑。

如果运输时间较长，途中可饲喂容易消化、含水分较少、适口性较好的青绿饲料，如野青菜、青干草、大头菜、胡萝卜、青蒿、树叶(杨树叶、柳树叶、榆树叶、桦树叶)等，切忌喂用含水分较多的青菜、菠菜、白菜和马铃薯等，以免引起腹泻；精饲料可少喂或不喂，但要及时供给饮水。

(3)卸兔：引入的种兔应该先隔离观察 2～3 周，因此，种兔到场后，小心的将种兔从运输车辆上移出，并准确的记录数量和耳号等后，将其放入隔离饲养区内，单笼饲养，并保持周围环境的安静，减少光刺激和噪声刺激。

第二节　种兔的饲养管理

一、种兔入场后的暂养管理

1. 到场后的饲喂

待种兔休息 1～2 小时，先饮用 1%的食盐水或 5%的葡萄糖水溶液，4～6 小时以后再喂从供种场带回的饲料。

为了防止刚引入的种兔到达目的地后暴饮暴食造成消化道疾病，要严格控制喂食量。第 1 天的喂食量可占正常日采食量的 30%～50%(3 天后喂食量可恢复到正常水平，5～7 天过渡到自己配制的饲料，由种兔场饲料按每天减少 1/7 的量与本场饲料拌匀后混饲，直到全部更换为本场饲料)。

2. 药物预防

种兔在入舍后的 24 小时内注射兔瘟疫苗，颈部皮下注射，每只 2 毫升，以后每隔 4 个月免疫 1 次。

3. 解除隔离

隔离观察饲养后，如果一切正常，就可以将新购进的种兔解除隔离，并按正常的饲养管理程序进行管理。发现异常或病兔应及时隔离，加强护理和治疗，并要做好防鼠、防兽等工作。

二、种母兔的饲养管理

种母兔是兔群的基础，饲养的目的是提供数量多、品质好的仔兔。种母兔的饲养管理可以分为空怀期、怀孕期和哺乳期 3 个时期的饲养管理。

（一）空怀期的饲养管理

1. 饲喂

母兔的空怀期是指从仔兔断奶到配种或重新配种的这段时期。母兔空怀前期是进行妊娠前的体况调整时期，对于前期瘦弱的母兔，要供给足够的富含蛋白质饲料，尽快恢复体况；对于正常体况的公兔，要避免过于肥胖，此时可适当限制饲喂，每天饲喂量以 150～200 克为宜。在春夏青草充足的时候，可适当增加部分青草，以节约成本，青草日喂量为 500～750 克，分别在中午和晚上补饲，这样颗粒饲料可降低 40％的喂量。

配种前 5～7 天要对空怀母兔补充蛋白质和维生素 A，促使发情和提高受胎率。

2. 性成熟

仔兔生长发育到一定年龄，性器官发育成熟，公兔睾丸能产生具有受精能力的精子，母兔卵巢能产生成熟的卵子，并表现出有发情等性行为，如果公、母兔交配即能受精妊娠和完成胚胎发育过程，则表明肉用兔已达到性成熟。达到性成熟的月龄因品种、性别、个体、营养水平、季节、遗传因素等不同而有差异。

(1)品种：一般小型品种性成熟年龄为3～4月龄，中型品种为4～5月龄，大型品种为5～6月龄。

(2)性别：一般母兔的性成熟早于公兔，通常同品种的母兔性成熟比公兔早1个月左右。

(3)营养：相同品种或品系，饲养条件优良、营养状况好的性成熟比营养差的要早半个月左右。

(4)季节：一般早春出生的仔兔随着气温逐渐升高，日照变长，饲料丰富，性成熟比晚秋和冬季出生的仔兔要早1～2个月。

3. 初配年龄

公、母兔达到性成熟后，虽然已能配种繁殖，但因身体各器官仍处于发育阶段，不宜立即配种，过早配种繁殖不仅会影响公、母兔本身的生长发育，而且配种后受胎率低，产仔数少，仔兔初生体重小，成活率低。但是过晚配种亦会影响公、母兔的生殖机能和终身繁殖能力。当然，初配时间也不宜过迟，过迟配种会减少种兔的终身产仔数，影响效益。

确定肉用兔的初配年龄，主要根据体重和月龄来决定。在正常饲养管理条件下，公、母兔体重达到该品种标准体重70%时，即已达到体成熟，就可开始配种繁殖。一般认为，小型品种初配年龄为4～5月龄，体重2.5～3千克；中型品种5～6月龄，体重3.5～4千克；大型品种7～8月龄，体重4.5～6千克。

4. 发情鉴定

母兔性成熟后，由于卵巢内成熟的卵泡产生的雌激素作用于大脑的性活动中枢，引起母兔生殖道一系列生理变化，出现周期性的性活动(兴奋)表现，称为发情。

母兔发情主要表现为烦躁不安，食欲减退，在笼舍内不停的走动，性欲强烈，外阴部可表现出发情规律“粉红早，黑紫迟，大红正当时”。未发情的母兔，外阴苍白而干涩；发情母兔外阴黏膜红肿、湿润，但以呈大红色或黑红色时配种效果较好。

5. 发情周期

母兔为刺激性排卵动物，只有在公兔交配刺激后 10～12 小时才排出卵子，如果未经交配刺激便不能排卵。这些成熟卵子在雌激素与孕激素的协同作用下经 10～16 天后逐渐萎缩、退化，而新的卵泡又开始发育。母兔生殖器官出现的这种周期性变化，即为性周期，或称发情周期。

母兔的发情周期，一般为 10～16 天，发情持续期为 3～5 天。母兔虽然一年四季都能发情配种，但以气温适宜的春、秋季发情较为明显，夏季和冬季不仅性欲差，而且发情征候不明显，配种受胎率低。

6. 配种

(1)配种准备：根据一些养兔场的多年实践，配种前必须做好以下准备工作。

①健康检查：对公、母兔的健康状况进行严格检查，发现体质瘦弱，性欲不强，患有疾病的公、母兔一律不能参加配种。有各种恶癖或生产性能低劣的公、母兔均应淘汰。

②公、母兔比例：根据生产观察，采用人工辅助交配，种兔的公、母比例以1：(8～10)为宜，即1只健康公兔在一般情况下可承担8～10只母兔的配种任务。

③笼具消毒：配种前必须清除干净兔笼内的粪便、污物，特别是公兔笼还要检修好笼底板，防止配种时发生外伤等事故。公兔笼内的食具等最好在配种前移至笼外。

④配种环境：配种时应将母兔放入公兔笼内，切勿将公兔放入母兔笼内配种。

⑤公、母兔匹配性：配种时应注意公、母兔的匹配性，如果发情母兔放入公兔笼内后长时间奔跑，逃避公兔，拒绝交配甚至发生咬斗，应调换公兔或采用人工强制配种。

(2)配种方法：兔为刺激性排卵动物，存在着发情不一定排卵，排卵不一定发情的现象。据观察，1天之中，中午12时配种受胎率最低，只有50%；傍晚次之；晚上24时配种受胎率最高，可达84%。因此应提倡晚上21～22时配种。一般来说，母兔发情时配种受胎率高，对兔群要经常进行发情检查，及时发现，及时配种。

肉用兔的性行为，大体经过求偶、交配、射精等过程。配种可采用双重、重复、血配等自然交配法，有条件者亦可采用人工授精技术。对长期不发情的个体，除加强饲养管理外，还要采用物理或化学方法进行催情。

①自然交配：这种配种方法，实际就是公、母兔混养在一起，任其自由交配。采用这种配种方法，优点是配种及时，方法简便，节省人力等。缺点是容易发生早配、早孕，影响幼兔的生长发育；无法进行选种选配，容易发生近亲交配和引起品种退化；公兔多次追配母兔，体力消耗过大，容易引起早衰，缩

短利用年限;公、母兔混群饲养,容易引起同性殴斗和传播疾病,所以在实际生产中已很少应用。

②人工辅助交配:人工辅助配种就是在公、母兔分群或分笼饲养的情况下,当母兔发情时将母兔放入公兔笼内,在看护和帮助下完成配种过程。与自然配种相比,优点是能有计划地进行选种选配,避免近交和乱交,能合理安排公兔的配种次数,延长种兔的使用年限,能有效防止疾病传播。缺点是种公兔的利用率不高,配种适期较难掌握。因此,目前养兔业中,尤其是家庭养兔者普遍采用这种配种方法。

在人工辅助交配时,将经检查、适宜配种的母兔捉入公兔笼内。当公、母兔辨明性别后,公兔即爬胯母兔,若母兔正处发情盛期,则略逃几步,随即伏卧任公兔爬胯,并抬尾迎合公兔的交配。当公兔阴茎插入母兔阴道射精时,公兔后躯卷缩,紧贴于母兔后躯上,并发出"咕咕"叫声,随即由母兔身上滑倒,顿足,并无意再爬,表示交配完成。此时可把母兔捉出,将其臀部提高,在后躯部用手轻轻拍击,以防精液倒流。然后将母兔捉回原笼,做好配种记录工作。

如果母兔发情不接受交配,但又应该配种时,可以采取强制辅助配种,即用一手抓住母兔耳朵和颈皮固定母兔,另一只手伸向母兔腹下,举起臀部,以食指和中指固定尾巴,露出阴门,让公兔爬胯交配。或者用一细绳拴住母兔尾巴,沿背颈线拉向头的前方,一手抓住细绳和兔的颈皮,另一只手从母兔腹下稍稍托起臀部固定,帮助抬尾迎接公兔交配。

③人工授精:兔人工授精就是不用公兔直接交配,而是人工采取公兔的精液,经品质检查、稀释后,再输入到母兔生殖道内,使其受胎。其优点在于能充分利用优良种公兔,提高兔

群质量，还可减少种公兔的饲养量，降低饲养成本、减少疾病传播，克服某些繁殖障碍，如公母兔体型差异过大等，便于集约化生产管理。在大型养兔场或养兔户比较集中的地区均可采用人工授精法，这是目前养兔业中最经济、最科学的配种方法。其缺点是需要有熟练的操作技术和必要的设备等。

Ⅰ. 采精方法：采精是人工授精的关键环节，是一项比较复杂的技术。采精时，一般利用硬质塑料或竹筒制成的假阴道，外筒长 8～10 厘米，内径 3～4 厘米，内胎可用乳胶指套代替。假阴道在使用前需仔细检查，用 75%酒精彻底消毒，然后用生理盐水冲洗数次，采精前从活塞气嘴处灌入 50～60℃的温水，水量以占内外壳空间的 2/3 为宜，采精时的最佳温度为 39～40℃。

采精时，为诱发公兔性欲和射精，可用发情母兔或兔皮盖住握假阴道的手臂，当假阴道伸向公兔笼内，经训练后的公兔就会爬跨覆盖有兔皮的手臂，将假阴道开口处对准公兔阴茎伸出方向，就可采精。

Ⅱ. 精液检查：采集的精液能否用于输精或稀释，必须通过肉眼观察和显微镜检查后才能确定。

• 射精量测定：正常公兔每次射精量为 0.5～2.5 毫升。射精量多少一般不作为评定精液品质好坏的指标，但同 1 只公兔如果各次射精量相差悬殊，就要检查原因。

• 色泽、气味检查：正常精液应呈乳白色，浑浊而不透明。如有其他颜色和臭味，表示精液异常，如色黄则可能混有尿液，色红可能混有血液，这类精液一律不能作人工输精用。

• 精子活力检查：精子活力是评定精液品质好坏的重要指标。正常精子呈直线前进运动，凡呈圆周运动、原地摆动或倒退等都属不正常运动。如用百分率表示,100%呈直线前进运动者可评为"1"级,90%呈直线前进运动者为"0.9"级,80%者为"0.8"级。在生产实践中要求精子活力在"0.6"级以上,方可用于输精。

•精液酸碱度测定:精液的酸碱度可用精密试纸测定,也可用光电比色计测定。正常精液的酸碱度接近中性,氢离子浓度为31.63～158.5纳摩/升(pH值6.8～7.5)。如果酸碱度变化过大,表示公兔生殖道可能有某种疾患,其精液不能用于输精。

•精子密度测定:一般根据显微镜下精子间距大小来测定。精子间距小,每毫升含精子10亿个以上定为"密";精子间距相当于1个精子长度,则每毫升含精子5亿～10亿个,定为"中";精子间距超过2个以上精子长度,则每毫升精子数在5亿个以下,定为"稀"。用于输精的精子密度必须在"中"级以上。

•精子形态检查:精子形态与受胎率关系很大,畸形精子会明显影响受胎率。正常精子具有一个圆形或卵圆形的头部和一条细长的尾部。畸形精子主要有双头双尾,大头小尾,有头无尾,尾部卷曲等。在正常精液中,畸形精子不应超过20%。

Ⅲ.精液保存

•常温保存:指将稀释后的精液保存在20℃左右环境中,保存时间很短,仅1～2小时。

•低温保存:即将精液保存在0～5℃环境中,可保存几天。应特别注意稀释后的精液要缓慢降到5℃。方法是用干毛巾或双层纱布将装有稀释精液的容器裹4～5层后放进低温环境(如冰箱)中保存。

•冷冻保存:指精液用添加防冻剂(如二甲亚砜、甘油)的稀释液稀释,保存在－79℃(固体二氧化碳)或－196℃(液氮)的超低温环境中。精子在这种温度下可长时间保存。

Ⅳ. 精液稀释:精液稀释的主要目的是扩大精液量和延长精液保存时间,稀释倍数一般为1∶(5～10)。配制稀释液应注意用具要清洁、干燥,事先要消毒,蒸馏水、鸡蛋要新鲜,所用药品应纯净可靠,药品称量要准确。药品溶解后过滤,隔水煮沸15～20分钟。稀释精液时应注意的事项稀释液和精液要在等温时进行稀释。稀释液要缓慢地沿容器壁倒入盛有精液的容器中,不能反向,否则会影响精子的存活。需高倍(5倍以上)稀释。常用的稀释液主要有3种。

•柠檬酸钠葡萄糖稀释液:柠檬酸钠0.38克,无水葡萄糖4.54克,卵黄1～3毫升,青霉素、链霉素各10万单位,蒸馏水加至100毫升。

•蔗糖卵黄稀释液:蔗糖11克,卵黄1～3毫升,青霉素、链霉素各10万单位,蒸馏水加至100毫升。

•葡萄糖卵黄稀释液:无水葡萄糖7.5克,卵黄1～3毫升,青霉素、链霉素各10万单位,蒸馏水加至100毫升。

Ⅴ. 输精技术:输精是人工授精的最后一个技术环节。由于肉用兔是刺激性排卵动物,因此在输精前应对母兔进行排卵处理。常用的方法是肌注促排3号2～5微克,静注促黄体素50单位,静注1%～1.5%醋酸铜溶液1毫升;用结扎了输精管的公兔进行交配刺激。通常在排卵处理后2～5小时,用特制的兔用输精器或用1毫升容量的小吸管安上橡皮乳头代替输精器输精。输精前先用生理盐水擦净母兔外阴部周围的污物，分开阴唇。输精员将输精管缓缓插入阴道5～6厘米，注入稀释后的精液0.3～0.5毫升。输精完毕，最好轻拍一下母兔臀部或将母兔后躯抬高片刻，以防精液倒流。

Ⅵ. 影响兔人工授精受胎率的因素

• 精液品质：输精前都要检查公兔精液和冻精品质。

• 配种期：要进行发情鉴定，确定合适的配种期，且输精部位要准确。

• 激素：激素的使用次数和剂量要适度，否则会在母体内产生抗体而影响受胎率。

• 胎次：从未生产过的处女兔的受胎率比1胎以上的经产母兔低。

• 营养：家兔的营养要适度，过肥过瘦都会影响受胎率。缺乏维生素A、维生素E也会影响兔的受胎率。

• 温度：尤其是高温对公兔、母兔均有影响，对公兔的影响更突出。一般可采取通风、防暑降温措施进行改善，对夏季、秋季难育问题可采用兔冷冻精液加以克服。

• 疾病：公兔患睾丸炎、附睾炎，母兔患阴道炎、子宫炎、输卵管炎及卵巢囊肿等，均须治愈后才能再繁殖。

• 光照：光照不足也影响受胎率，如1平方米面积仅1瓦亮度每天照2小时，情期受胎率只有30%。

• 季节：一年中春季受胎率最高，夏季最低。

• 年龄：青年兔受胎率较高，一般24月龄后受胎率逐渐下降。

• 管理：特别是对公兔的使用不当，如频繁交配或过多采精会影响公兔健康和精液质量，从而影响到受胎率。

• 换毛：营养不全与疾病所引起的换毛，对受胎率也有影响。

• 人工授精比例：人工授精公母比例以1∶(100～150)为宜，若比例过大，授精率下降。

(3)提高肉用兔繁殖力的措施：影响兔繁殖力的主要因素有品种、年龄、个体、营养、配种制度和管理、气温、光照、生殖器官疾病等。为了提高繁殖力，一定要采取相应的措施。

①提高公兔配种力的措施：公兔的配种能力主要决定于性欲的强弱和精液品质的好坏。要提高公兔的配种能力，必须做好以下工作。

Ⅰ. 选择健壮的公兔留种：选取那些性欲强、生殖器官发育良好、睾丸大而匀称且精子活力好、密度大的公兔留作种用，及时淘汰单睾、隐睾或患有生殖器官疾病(如梅毒等)的公兔。

Ⅱ. 选择遗传性稳定的公兔留种：在鉴定种公兔时，除对公兔本身的繁殖性能进行鉴定外，还要根据种兔卡片，评定三代以内的繁殖性能。如果多次配种不孕或累计受孕率低于50%的公兔不宜留作种用。

Ⅲ. 合理安排配种次数：一般壮年公兔每天可配种2～3次，青年公兔1～2次，但连配2～3天后应休息1天。种公兔的使用年限应为2～3年，每年必须选留1/3以上的后备兔。整个种公兔群应以青、壮年公兔为主。

Ⅳ. 供给全价营养：要保持种公兔的良好种用体况，必须供给全价营养，特别是蛋白质、矿质元素和维生素等。在配种季节来临前15～20天就应调整日粮，逐渐增加蛋白质饲料和矿质元素、维生素的喂量。

Ⅴ. 避免近亲繁殖：在肉用兔生产中切忌近亲交配，近亲繁殖容易产生死胎、畸形仔兔和后代生活力降低等问题，种兔场应严格建立种兔档案制度，即使是养兔专业户也应做好配种繁殖记录，定期更新种公兔。

②提高母兔受胎率的措施：母兔的受胎率直接关系到兔场生产水平的高低和经济效益的好坏。要提高母兔的受胎率，必须做好以下工作。

Ⅰ．加强选种：必须选择健康无病、性欲旺盛、不过肥或过瘦的母兔留作种用，凡卵巢囊肿、子宫发育不全或患有其他生殖道疾病的必须及时淘汰。留种仔兔最好从优良母兔的3～5胎中选留，乳头应在4对以上。产仔少、受胎率低、母性差、泌乳性能不好的母兔不能用于配种繁殖。

Ⅱ．重复配种：正常情况下只要母兔发情正常，公兔精液品质良好，交配1次即可受孕。但是，为了确保母兔妊娠和防止假孕，可在第一次配种后6～8小时，再用同一只公兔重复交配1次。第一次交配的目的是刺激母兔排卵，第二次交配的目的是正式受孕。据试验，重复配种的受胎率可达95%～100%，产仔数为每胎6～8只。重复配种可增加受精机会，提高受胎率和防止假孕，尤其是长时间未配过种的公兔，必须实行重复配种。

Ⅲ．双重配种：1只母兔连续与2只不同血缘关系的公兔交配，中间相隔时间不超过20～30分钟。目的是利用不同公兔的精子增加卵子的选择性，同时受精卵因获得了其他种精子作为养料，仔兔的生活力强，成活率高。据试验，采用双重配种的受胎率比对照组提高25%～30%，产仔数提高10%～20%。

双重配种只适宜于商品兔生产，不宜用于种兔生产，以防弄混血缘。双重配种可避免因公兔原因而引起的不孕，可明显提高受胎率和产仔数。在实施中须注意，要等第一只公兔气味消失后再与另一只公兔交配，否则，因母兔身上有其他公兔的气味而可能引起斗殴。不但不能顺利配种，还可能咬伤母兔。

Ⅳ．频密繁殖：频密繁殖又称“配血窝”或“血配”，即母兔在产仔当天或第二天就配种，泌乳与怀孕同时进行。一般养兔场多数在 40～45 日龄断奶，然后进行再次配种，所以 1 年只能繁殖 3～4 胎，繁殖速度很慢。采用频密繁殖法，即使母兔在哺乳期内配种受孕，泌乳与妊娠同时进行，所以每年可繁殖 8～10 胎。采用此法，繁殖速度快，但由于哺乳和怀孕同时进行，易损坏母兔体况，种兔利用年限缩短，自然淘汰率高，需要良好的饲养管理和营养水平。因此，采用频密繁殖生产商品兔，一定要用优质的饲料满足母兔和仔兔的营养需要，加强饲养管理，对母兔定期称重，一旦发现体重明显减轻时，就停止血配。在生产中，应根据母兔体况、饲养条件，将频密繁殖、半频密繁殖（产后 7～14 天配种）和延期繁殖（断奶后再配种）3 种方法交替采用。

Ⅴ．人工催情：在实际生产中遇到有些母兔长期不发情，拒绝交配而影响繁殖，除加强饲养管理外，还可采用性诱、激素等人工催情方法。

• 性诱催情：将长期不发情或拒绝交配的母兔放入公兔笼内，通过追逐、爬跨等刺激后，仍将母兔放回原笼，经 2～3 次后就能诱发母兔分泌性激素，促使母兔外阴变红，呈现发情征象。一般采用早晨催情，傍晚配种，这样母兔配种容易，受胎率也很高。

•信息催情:据研究,公、母兔都有一种性信息素,可使同种异性产生性冲动和求偶行为。将长期不发情或拒绝配种的母兔放入事先预备好的公兔笼内,将公兔放入母兔笼内,进行公、母兔笼位交换。经 24 小时,将母兔放回原笼与留在母兔笼内的公兔配种。由于母兔接受了公兔笼内的公兔信息,往往会诱发母兔性冲动,再经公兔性追逐,就可促使母兔发情、配种。这种方法简单易行,受胎率较高,但要选择健康、性欲强的公兔,母兔留在公兔笼内的时间不能少于 20 小时。

•药物催情:用 2%碘酊涂于外阴部,可刺激母兔发情,有效率可达 70%以上;用 10～15 毫克硫酸铜溶于 1 毫升蒸馏水中,静脉注射后即可配种,受胎率达 60%以上;每兔每日内服维生素 E 1～2 丸,连用 3～5 天;内服中药淫羊藿每天 5～10 克,均有良好催情效果。

•激素催情:促使母兔发情排卵的激素,主要有脑垂体前叶分泌的促卵泡素、促黄体素,胎盘分泌的绒毛膜促性腺激素,孕马血清促性腺激素等。据试验,肌内注射促卵泡素(每日 2 次,每次每只 0.6 毫克),可促使卵泡成熟,分泌动情素;静注促黄体素(每次每只 20 单位或每千克体重 0.5～0.7 毫克),能促使成熟卵泡排卵,形成黄体;肌注绒毛膜促性腺激素(每次每只 40～60 单位),能诱发排卵,但连续使用会产生抗体,使排卵无效;肌注孕马血清促性腺激素(每次每只 40～60 单位),能促使卵泡强烈发育。一般都可使母兔的发情率达到 80%～90%,受胎率达 70%～80%,平均每胎产仔 5～7 只。

综上所述,肉用兔繁殖力是指公、母兔维持正常繁殖机能、生育仔代所表现出的能力。这种能力既是先天遗传的性能,也受后天环境等因素的影响。因此,在生产实践中,必须采取综合措施，才能发挥其繁殖潜力。

(二)怀孕期的饲养管理

1. 孕期饲喂

饲养妊娠母兔，对膘情较好者可采用先青后精的方法，即妊娠前期以青绿饲料为主，每天每只饲喂 800～1000 克，另外，可补喂混合精料 35～40 克，骨粉 1.5～2 克，食盐 1 克，到妊娠后期再适当增加精料喂量，以满足胎儿生长的需要；对膘情较差的母兔，从妊娠开始就应采取“逐日加料”的饲养法，每天每兔除喂给青绿饲料 600～800 克外，还应补喂混合精料 50～70 克，骨粉 2～2.5 克，食盐 1 克，以迅速恢复体膘，满足母兔本身和胎儿生长的需要。但须注意临产前 3 天和产仔后 3 天应减少精料量，但要多给青饲料，可有效的控制产后乳房炎的发生。

2. 孕期管理

肉用兔的受精时间一般是在排卵后 1～2 小时，在配种后 20～24 小时完成第一个卵裂过程，受精后 72～75 小时胚胎开始向子宫运行，受精后 7 天左右在子宫中着床，形成胎盘。此后胚胎的生长发育完全依靠胎盘吸收母体供给的养料和氧气，代谢产物亦经胎盘传递到母体而排出体外。受精卵在母兔生殖器官中发生的一系列生理变化及发育过程，称之为妊娠。

(1)妊娠检查：母兔配种后 8～12 天，要确定是否妊娠，判断其是否妊娠的方法就是妊娠诊断，常用的方法有称重检查法和摸胎检查法 2 种。已断定受胎后，就不要再进行妊娠检查了以免引起流产。

①称重检查法：一般母兔在配种前称重 1 次，配种后 10 天左右复称 1 次，如果复称体重明显增加，表明母兔已经受孕，如果体重相差不大，则视为未孕。2 次称重均应在早晨喂料前、空腹时进行。

②摸胎检查法：在母兔配种后 10～12 天，用手触摸母兔腹部，判断是否受孕，称为摸胎检查法，在生产实际中多用此法诊断。摸胎时，将母兔捉放于桌面或平地，一只手抓住母兔的耳朵和颈皮，使兔头朝向摸胎者，另一只手拇指与其余四指呈“八”字形，掌心向上，伸向腹部，由前向后轻轻沿腹壁摸索。若感腹部松软如棉花状，则未受孕。若摸到有像花生米样大小的球形物滑来滑去，并有弹性感，则是胎儿。但要注意胚胎与粪球的区别，粪球质硬、无弹性、粗糙。摸胎检查法操作简便，准确性较高，但要注意动作轻，检查时不要将母兔提离地面悬空，更不要用手指去捏数胚胎数，以免造成流产。

妊娠诊断未孕者，应及时进行补配，减少空怀母兔，以提高母兔繁殖力。

(2)妊娠期：公、母兔交配后，在母兔生殖器官中，受精卵发育开始至分娩的整个时期称为妊娠期。肉用兔的妊娠期平均为 30～31 天，变动范围为 28～34 天。

妊娠期的长短因品种、年龄、胎儿数量、营养水平和环境等不同而有所差异。大型品种比小型品种怀孕期长，老龄兔比青年兔怀孕期长，胎儿数量少的比数量多的怀孕期长，营养状况好的比差的母兔怀孕期长。

(3)精心护理防流产：母兔流产一般在妊娠后 15～25 天发生。防止流产方法主要包括妊娠母兔单笼饲养（防止挤压）、不要无故捕捉母兔、摸胎动作要轻、保持环境安静（禁止突然声响)。严禁喂给发霉变质饲料和有毒青草等,兔对这些饲料非常敏感,最易造成流产。

(4)卫生管理:笼舍内要保持清洁干燥,防止潮湿污秽。因为潮湿污秽易引发各种疾病,对妊娠母兔极为不利。

(5)做好产前准备工作:产前3~4天对产仔箱进行清洗、消毒后在箱底铺垫一层晒干、柔软的垫草,产前1~2天将消毒好的产仔箱放入母兔笼内,供母兔拉毛筑巢(必要时可帮助母兔拉毛)。

产房应该专人负责,并且注意冬季保温防寒,夏季防暑防蚊。

(三)分娩与护理

胎儿发育成熟,由母体内排出体外的生理过程,称为分娩。母兔分娩时要保持兔舍及周围环境的安静,管理人员不要惊动它,以免母兔由于受惊而中断产仔或食仔。

1. 分娩过程

母兔的分娩征候比较明显,大多数母兔在临产前3~5天乳房开始肿胀,并可挤出少量乳汁,腹部凹陷,外阴部红肿,食欲减退。临产前1~2天,开始衔草拉毛筑窝。临产前10~12小时衔草拉毛次数增加,频繁出入于产箱。据生产实践表明,母兔产前拉毛是一种正常的生理现象,且与母兔的泌乳性能有着直接关系,拉毛早则泌乳早,拉毛多则泌乳多。产前不会拉毛的母兔,多为初产或泌乳性能差的母兔。因此,对不会拉毛的初产母兔,临产前最好施行人工辅助拉毛,以刺激乳腺发育,促进泌乳。

母兔临产时,在激素的作用下表现出子宫的收缩和阵痛,精神不安,顿足刨地,拱背努责,排出胎水等。母兔分娩时多呈犬卧姿势，一边产仔一边咬断脐带，舔干仔兔身上的血液和黏液，分娩就完成了。

2. 产后护理

母兔虽系多胎动物，但产仔时间很短，一般产完一窝仔兔只需 20～30 分钟，少数需 1 小时以上。母兔分娩，一般不需人工照料，当胎儿产出后，母兔会吃掉胎衣，拉断脐带，舔干仔兔身上的血污和黏液。

(1)给分娩后的母兔提供饮水：因母兔分娩后口渴，如无水则会咬伤甚至吃掉仔兔。生产中为了防止母兔食仔，应及时供给清洁的温水或麸皮汤。

(2)清理产箱：产仔结束后，应及时清理产仔箱，清点仔兔数量，挑出死亡兔和湿污毛兔，做好记录作为测定母兔繁殖性能和选种选配时参考。

(3)预防母兔乳房炎和仔兔黄尿病：母兔产仔当天，每只皮下注射 0.5 毫升神菌速灭，预防母兔乳房炎和仔兔黄尿病，确保闭眼期仔兔的成活率。

(4)营养不良的母兔产后应及时调整日粮和带仔只数：根据不同情况分别对待，细心观察，经常检查，发现问题及时采取措施。

(四)哺乳期的饲养管理

母兔自分娩到仔兔断奶，这段时期为哺乳期。如果在哺乳期营养充分，产后 20 天内哺乳母兔的体重不会减轻，并稍有增加。20 天以后，仔兔能够从产箱爬出，开始打扰母兔，影响母兔的休息，并能将奶全部吃光，从而使母兔体重下降。

1. 哺乳期饲喂

哺乳期的母兔每天可分泌乳汁 60～150 毫升，高产的母兔日泌乳可达150～250毫升，甚至高达300毫升。哺乳母兔为了维持生命活动和分泌乳汁，每天都要消耗大量的营养物质，而这些营养物质，又必须从饲料中获得。如果所喂饲料不能满足哺乳母兔的营养需要，就会动用体内贮存的大量营养物质，从而降低母兔体重，损害母兔健康，影响泌乳量。因此，哺乳母兔的饲养水平应高于空怀母兔和妊娠母兔，特别要保证足够的蛋白质、矿质元素和维生素。产后3天内颗粒料一日喂量100克，之后逐步增加至18天日龄达到300克，然后逐步减少至30天日喂量达到100克。在兔奶中水分含量高，要多出奶，还必须供给充足清洁的饮水，以满足哺乳母兔对水分的要求。

饲养哺乳母兔的好坏，一般可以根据仔兔的生长和粪便情况进行辨别。母兔泌乳旺盛，仔兔吃饱后腹部胀圆，肤色红润光亮，安睡不动；如果母兔泌乳不足，则仔兔腹部空瘪，肤色灰暗无光，乱爬乱抓，经常发出“吱吱”叫声。另外，如产仔箱内清洁、干燥，很少有仔兔粪尿，则说明哺乳正常，饲养很好；如产仔箱内积留尿液过多，则说明母兔饲料中含水量过高；如粪便过于干燥，则说明母兔饮水不足；如果饲喂发霉变质饲料，还会引起仔兔消化不良，甚至下痢。

目前，有些养兔场采用母兔与仔兔分开饲养、定期哺乳的方法，即平时将仔兔从母兔笼中取出，安置在适当地方，哺乳时将仔兔送回母兔笼内，分娩初期可每天早、晚各哺乳1次，每次10～15分钟；20日龄后可每天哺乳1次。采用这种饲养方法的优点是可以了解母兔的哺乳情况，及时调整饲养水平。缺点是工作量很大。

2. 哺乳期管理

(1)每天要清理兔笼舍；每周应消毒兔笼，更换垫草；饲喂用具每次喂料都要洗刷干净。

(2)初产母兔拒绝哺乳，强迫喂奶；对于产后无乳或少乳的母兔，应区别不同情况有针对性的催乳，催奶方法是加喂“催乳片”、蚯蚓(烤干磨成粉)，或使用通奶中药如木通、王不留行等，或加喂黄豆、米汤或红糖水。如患乳房炎的母兔及时治疗。

①初产母兔：初产母兔缺乳多由泌乳系统发育不充分或母性不强、产前未拉毛或饲料营养缺乏、供应不足所致。因此对于初产母兔应加强营养、调整饲料结构，未拉毛的母兔，将其乳头周围的毛拉光，以刺激乳腺。也可用温淡盐水擦洗乳房后，按摩1～2次，促进乳腺发育和泌乳。另外，取花生米7～8粒，用温水浸泡1～2小时后拌料喂兔，连喂2～3次，乳汁会明显增多。

②经产母兔：经产母兔缺乳多因乳房炎或其他疾病所致。因此对于经产母兔减少精料喂量，多喂青绿多汁饲料。用新鲜蒲公英、车前草、黄芪、王不留行等喂兔，连喂2～4天。

③肥胖母兔：母兔过肥也会导致泌乳减少或缺乳。因此对于肥胖母兔取促乳素皮下注射1～2毫升，每天2次，并适当降低饲料能量和蛋白质水平。

④瘦弱母兔：瘦弱母兔缺乳多因营养不良或患病所致。因此对于瘦弱母兔加喂营养丰富、蛋白质含量高的草料。同时取鲜蚯蚓1～2条用开水泡至发白，切碎拌红糖喂兔，每天1～2次；也可将蚯蚓晒干粉碎拌入饲料中喂兔。

⑤多崽母兔：母兔产崽超过乳头数，其乳汁难以满足仔兔

的需要。因此母兔产仔超过 8 只时，最好留下 8 只，多余的仔兔给它们去找寄母。

生产实践证明，把生产多的仔兔寄养给产仔少的母兔，母兔第二胎可产仔数量明显增加。

（3）预防乳房炎：哺乳期要经常检查母兔的泌乳情况，仔细检查其乳房和乳头，如发现乳房有硬块、乳头红肿，要及时治疗；经常检查笼底底板及巢箱的安全状态，防止损伤乳房或乳头。

3. 母兔的使用年限

在 1 岁左右母兔繁殖 3～4 胎以后进行，根据前三胎的受配性、母性、产（活）仔数、泌乳力、仔兔断奶体重，断奶成活率等情况，公兔根据性欲、精液品质、与配母兔的受胎率及其后裔测定结果评定，选出外貌特征明显、性能优秀、遗传稳定的种兔，淘汰不合格的母种兔。

种母兔利用年限为 3～4 年，根据记录各方面都优秀者，使用年限可适当延长 1 年。

三、种公兔的饲养管理

种公兔在肉用兔群中具有主导作用，种公兔的好坏会影响到整个兔群的质量，表现在兔群的生产性能、母兔的繁殖效率和仔兔的健康及生长发育等方面。种公兔的饲养要求是发育良好、膘情中等、体质健壮、性欲旺盛。种公兔的饲养管理可以分为配种期和非配种期。

（一）非配种期种的饲养管理

肉用兔繁殖虽无明显的季节性，但因气候、饲料等因素的影响，配种繁殖也有淡旺季之分，特别是北方地区配种繁殖多集中在春、秋两季;夏、冬季多为非配种期。

1. 饲喂

非配种期的种公兔正值恢复体力、养精蓄锐之际,生理负担不重,故只需给予中等营养水平的饲料,使其保持适度膘情,以免体况过肥或过瘦而影响配种期的配种能力。养兔实践表明,非配种期的种公兔日粮应以青绿饲料为主,饲喂量可达每日每只800～1000克。另外再搭配少量混合精料,饲喂量为每日每只30～50克。冬季可每日每只喂给粗饲料200～500克,胡萝卜300～500克。

饲料的变动对于精液品质的影响很缓慢,故对精液品质不佳的种公兔改用优质饲料来提高其精液品质时,要长达20天左右才能见效,因此还应着眼于营养上的长期性。对一个时期集中使用的种公兔,应注意在配种前1个月应补饲胡萝卜、麦芽、黄豆或多种维生素。

2. 日常管理

(1)单笼饲养:非配种期种公兔可采用1笼1兔饲养,以防互相殴斗,笼舍要求干燥、通风、透光。

(2)适当运动:如果条件许可,每周放养2～3次,每次运动1～2小时,并使其多晒太阳。

工厂化养兔可适当加大兔笼尺寸,以增加种公兔在笼内的活动场所。

(3)配种前检查:配种前1个月要对种公兔进行精液检查,对于死精多、受胎率低、疾病严重,无种用价值的要及时淘汰。

(二)配种期种的饲养管理

配种期的种公兔是生理负担最重的时期,除了维持自身的营养需要之外,还要应付配种。为保持种公兔的性欲旺盛和精力充沛,在饲养管理中应加强营养,合理使用。

1. 饲喂

种公兔的配种能力主要决定于精液的数量和质量,而精液的数量和质量均与营养有着密切关系,特别是蛋白质、矿物质和维生素等营养物质。实践证明:平时精液不佳的种公兔,如能喂给豆饼、花生饼、麸皮以及豆科饲料如紫云英、苜蓿、苕子等,精液的质量即显著提高。磷为核蛋白形成的要素,亦为制造精液必需物质,日粮中有谷粒及糠麸混入时,磷即不致缺乏,但应注意钙的供给量,钙磷供给量应为(1.5～2)∶1。精料中如能经常配以2%～3%的骨粉、贝壳粉或蛋壳粉等钙作补充料,钙磷就不致缺乏。维生素对种公兔的配种能力也有一定影响,青绿饲料中含有丰富的维生素,所以一般不会缺乏,但冬季青绿饲料少,或长年喂饲颗粒饲料时,容易出现维生素缺乏,特别是缺乏维生素A时,就会引起睾丸精细管上皮组织变性,畸形精子数量增加。小公兔的日粮中如维生素含量不足,生殖器官发育不全,睾丸组织退化,性成熟推迟,因此平时应注意饲喂青草、菜叶、胡萝卜、大麦芽或菜叶等饲料。

饲料的变动对于精液品质的影响很缓慢,故对精液品质不佳的种公兔改用优质饲料来提高其精液品质时,要长达20天左右才能见效,因此还应着眼于营养上的长期性。对一个时期集中使用的种公兔,应注意在20天前调整日粮比例。在配种期间,也要相应增加饲料用量,每日每兔的喂量可增加为精料为50～100克,青绿饲料为500～600克,每天在精料中加入

1～2 克食盐和少量蛋壳粉、蚌壳粉等。同时，根据配种的强度，适当增加动物性饲料，以改善精液的品质，提高受胎率，如种公兔每天配种 2 次，须在饲料量中需增加 30％～50％的精料量。

2. 日常管理

(1)一般兔场和专业大户，公母比以 1：(8～10)为宜。种公兔初配期为 5 月龄，青年兔(5～9 月龄)每隔 1 天配种 1 次，壮年兔(10～15 月龄)每日交配 2 次，连续交配 2 日后休息 1 日，最佳利用期 2 年。

(2)配种前应进行健康检查，发现食欲不振，粪便异常，精神萎靡等症状应立即停止配种。

(3)种公兔在换毛期不宜配种(因为换毛期间，消耗营养较多，体质较差，此时配种会影响兔体健康和受胎率)。

(4)配种时，应把母兔捉到公兔笼内，不宜把公兔捉到母兔笼内进行。因为公兔离开了自己所熟悉的环境或者气味不同都会使之感到突然，抑制性活动机能，精力不集中，影响配种效果。同时做到四不配：吃料前后半小时之内不配；种公兔换毛季节如春、秋两季不配；种公兔健康状况不好吃时不配；天热没有降温设施时不配。

(5)公兔笼要勤打扫，勤消毒，保持清洁卫生，以防发生各种生殖器官疾病。

(6)每次配种要作记录，防止滥配造成血缘不清。

第三节 90 日龄出栏肉用兔的饲养管理

肉用兔的饲养管理分 2 个阶段，即 1～30 日龄的仔兔培育阶段和 31～90 日龄的育肥阶段。

一、1～30日龄仔兔的管理

从出生到断奶这段时期的兔称为仔兔,仔兔初生时全身裸露,眼睛紧闭,耳孔闭塞,不能自由活动。但是,出生后仔兔的生长发育很快,3～4日龄开始长毛,10～12日龄开眼,20日龄开始吃料。体重的增长也很快,一般品种初生体重仅50～60克,1周龄时体重增长达1倍左右,4周龄时体重可达成年体重的12%以上。

(一)1～30日龄仔兔的生理特点

仔兔出生前在母兔子宫内,温度恒定,一旦出生,温度明显降低,仔兔刚初生体表还没长毛,调节温度能力又差,一旦不适容易发病;初生前仔兔靠母亲血液提供营养,肠胃没有消化活动,出生后完全依靠肠胃消化母乳为生,此时一旦供乳不足,或乳汁不洁,便出现拉稀死亡;仔兔在母亲子宫内安静、安全,一旦产出生在巢箱内,躺卧在垫草和毛的粗糙环境,又易受鼠、蚊蝇的骚扰,容易发病死亡。

(二)1～30日龄仔兔的饲养管理

仔兔饲养管理,依其生长发育特点可分睡眠期、开眼期2个阶段。

1. 1～12日龄

仔兔出生到12日龄左右为睡眠期。仔兔在这个时期,除吃奶外都是睡觉。母兔每天只喂1次奶,每次5分钟。

(1)防寒保暖:仔兔出生后全身无毛,生后4～5天才开始长出茸茸细毛,这个时期的仔兔对外界环境的适应力差,抵抗力弱,极易引起受冻死亡。对睡眠期的仔兔,窝温不宜低于30～32℃,室温不低于15℃。如果仔兔在窝内不停窜动,表明巢内温度过低，须及时调高室温。保温可根据实际情况，因地制宜创造一个适于仔、幼兔生长的小环境，如用空调、热炕、火墙等。但在南方炎热的夏季，亦应注意舍内降温，取出部分巢箱内的垫草和覆盖的兔毛，以保证窝温不超过40℃。

(2)让仔兔吃足初乳：初乳是母兔产后1～3天内分泌的乳汁，含有丰富的营养，如高蛋白、高能量、仔兔所需要的多种维生素及镁盐，还含有免疫抗体，能增强其抗病力。若仔兔吃不到初乳，往往难以成活。因此，仔兔出生后6小时内应吃到初乳，否则应强制哺乳，即将母兔乳头周围的毛拔掉。用热毛巾按摩乳房，然后将母兔轻轻放回并固定在巢箱内，首先使其安静，然后分别将仔兔放在每一个乳头旁，使其嘴叼住乳头，让仔兔自由吸吮。在操作过程中，必须耐心细致，动作轻柔，使母兔无恐惧感。

在睡眠期，每天都要检查仔兔是否吃饱了奶。对于吃不饱的仔兔可采取寄养或人工哺乳的办法。

①寄养：一般泌乳正常的母兔最多可哺育仔兔8只。寄养时将出生日期相近的仔兔(以不超过2～3天为宜)，从巢箱内拿出，按体形大小、体质强弱分窝，然后在仔兔身上涂上被带母兔的尿液，以防母兔咬伤或咬死。最后把仔兔放进各自的巢箱内，并注意母兔哺乳情况，防止意外事情发生。

调整仔兔时，必须注意，2个母兔和它们的仔兔都是健康的；被调仔兔的日龄和发育与其母兔的仔兔大致相同；要将被调仔兔身上粘上的原巢箱内的兔毛剔除干净；在调整前先将母兔离巢，被调仔兔放进哺乳母兔巢内，经1～2小时，使其粘带新巢气味后才将母兔送回笼巢内。如若母兔拒哺调入仔兔，则应查明原因，采取新的措施，如重调其他母兔或补涂母兔尿液,减少或除掉被调仔兔身上的异味等。

②强制哺乳:有些母兔护仔性不强,尤其是初产母兔,产仔后拒绝哺乳,使仔兔缺奶挨饿,如不及时处理,就会导致仔兔死亡。强制哺乳的方法是将母兔固定在巢箱内,使其保持安静,将仔兔分别安放在母兔的每个乳头旁,嘴顶母兔乳头,让其自由吮乳,每日强制1～2次,连续3～5日,母兔便会自动喂乳。

③人工哺乳:如果仔兔出生后母兔死亡、无奶或患乳房炎等疾病不能哺乳或无适当母兔寄养时,可采用人工哺乳。人工哺乳可用牛奶、羊奶等代替(1周内加水1～1.5倍,1周后加水1/3,2周后可用全奶)。也可用豆浆、米汤加适量食盐代替,温度保持在37～38℃。人工哺乳的工具可用玻璃滴管、注射器、塑料眼药水瓶,在管端接一乳胶自行车气门芯即可。喂饲以前要煮沸消毒,冷却到37～38℃时喂给。每天1～2次。喂饲时要耐心,在仔兔吸吮同时轻压橡胶乳头或塑料瓶体。但不要滴入太急,以免误入气管呛死。不要滴得过多,以吃饱为限。

(3)防止"吊乳":"吊乳"是养兔生产实践中常见的现象之一。主要原因是母兔乳汁少,仔兔不够吃,较长时间吸住母兔的乳头,母兔离巢时将正在哺乳的仔兔带出巢外;或者母兔哺乳时,受到骚扰,引起惊慌,突然离巢。吊乳出巢的仔兔,容易受冻或踏死,所以饲养管理上要特加小心,当发现有吊乳出巢的仔兔应马上将仔兔送回巢内,并查明原因,及时采取措施。如是母兔乳汁不足引起的"吊乳",应调整母兔日粮,适当增加饲料量,多喂青料和多汁料,补以营养价值高的精料,以促进母兔分泌出质好量多的乳汁,满足仔兔的需要。如果是管理不当引起的惊慌离巢，应加强管理工作，积极为母兔创造哺乳所需的环境条件，保持母兔的安静。

如果发现吊在巢外的仔兔受冻发凉时，应马上将受冻仔兔放入自己的怀里取暖。或将仔兔全身浸入 40～45℃温水中，露出口鼻并慢慢摆动；或者把受冻仔兔放入巢箱，箱顶离兔体 10 厘米左右吊灯泡(25 瓦)或红外线灯，照射取暖。只要抢救及时，措施得法，大约 10 分钟后便可使被救仔兔复活，待皮肤红润后即擦干身体放回巢箱内。

(4)防止鼠害：仔兔在睡眠期最易遭受鼠害，有时会发生全窝仔兔被老鼠吃食的现象。应特别注意将兔笼、兔窝严密封闭，勿使老鼠入内。

2. 12～20 日龄

从仔兔的开眼到 20 日龄这段时间称为开眼期。

(1)开眼：仔兔 12 日龄左右开眼，开眼迟早与发育很有关系，发育良好的开眼早。14 日龄要逐个检查仔兔是否开眼，发现开眼不全的，可用药棉蘸取温开水洗净封住眼睛的黏液，帮助仔兔开眼。

(2)预防黄尿病：13 日龄每只仔兔滴服复方黄连素或氯霉素 2～3 滴，预防仔兔黄尿病。

(3)性别鉴定：开眼以后的仔兔即可通过观察生殖孔形状以及与肛门间距离进行鉴别。一只手抓住兔子的耳颈部，另一只手的中指和食指轻轻向兔头方向推压生殖孔，呈尖叶状且下端裂缝接近肛门者为母兔；呈圆形、开口较小且与肛门距离较远并露出马蹄形生殖器者为公兔。

(4)温度管理：12～20 日龄仔兔的窝温不要低于 20℃。

(5)补料：母兔的泌乳量随着仔兔的生长发育而逐渐减

少,不能满足仔兔对营养的需要,因此仔兔 15 日龄时应及时补料。如果仔兔不会采食饲料,必须诱食。诱食时可在产箱中放一浅盘,拌些粉料,将粉料捏成 0.5 厘米大小的颗粒,从仔兔嘴角塞到口中,几次后,仔兔便可主动采食。

在给仔兔补料过程中,切不可喂给大量的多汁饲料,应喂给适量的优质青干草,或者在混合料中拌入适量优质青干草粉,否则易引起仔兔消化不良,易患腹泻症。仔兔一旦患了腹泻病,就会引起仔兔迅速脱水,治疗起来很困难,易引起大批死亡,造成严重的经济损失。

(6)日常检查:对产仔箱每天至少检查 1 次,补充更换垫草。

3. 21～30 日龄

21～30 日龄断奶时间称为追乳期。

(1)饲喂:21 日龄后可增喂些青干草、饼类饲料及矿物质饲料,一般每只每天补饲 20 克,分 5～6 次喂给。

25 日龄以后逐渐改为以饲料为主,一般每只每天补饲 50 克。

(2)注意卫生:常换垫草,并洗净或更换巢箱,否则,仔兔睡在湿巢内,对健康不利。

(3)要经常检查仔兔的健康情况:察看仔兔耳色,如耳色桃红,表明营养良好;如耳色暗淡,说明营养不良。

(4)温度管理:21～30 日龄仔兔的窝温不要低于 15℃。

(5)断奶:仔兔断奶时间一般为 28～30 日龄。仔兔在断奶前要做好充分准备,如断奶仔兔所需用的兔舍、食具、用具等应事先进行洗刷与消毒,断奶仔兔的日粮要配合好。

仔兔断奶时,要根据全窝仔兔体质强弱而定。若全窝仔兔生长发育均匀,体质强壮,可采取一次断奶法,即在同一日将母子分开饲养。离乳母兔在断奶 2～3 日内,只喂青料,停喂精料,使其停奶。如果全窝体质强弱不一,生长发育不均匀,可采用分期断奶法,即先将体质强的分开,体弱者继续哺乳。经数日后,视情况再行断奶。如果条件允许,可采取移走大母兔的办法断奶,避免环境骤变,对仔兔不利。

(6)防疫:断奶仔兔在断奶当日进行兔瘟单苗每只皮下注射 2 毫升,同时,在饮水中添加抗应激药物,如维生素 C 或电解多维。

二、31～90 日龄的管理

从断奶到 3 月龄这一阶段的小兔称为幼兔,肉用兔的育肥是指幼兔断奶后即开始的育肥,一般不去势。

(一)31～90 日龄幼兔的生理特点

断乳后幼兔面临新的变化,由吃乳为主要营养变为完全吃草料为主,但幼兔消化机能还不十分健全,且肠胃脆弱,一旦草料不适合(如喂发霉草料),饲喂不当,容易拉稀死亡。而且还面临着又一次环境变化,由母子一起生活,到断奶后幼兔独立生活,失去保护,缺乏独立生活能力的幼兔,一旦受到刺激,容易引发发病。幼兔自身的生理机能较弱,对不良环境的适当能力较差,更缺乏对细菌、病毒、有害动物的抵抗能力,如果饲料品质不好,饲喂不当,环境不利,管理不细是很容易引起幼兔发病死亡的,必须重视每一个饲养管理环节。

(二)31～90 日龄的饲养管理

由于肉用兔的育肥期很短,从断奶到出栏仅 60 天左右。因此,要改变过去的“先吊架子后填膘”的传统育肥方法,实行直线育肥。仔兔断乳后，不再以饲喂青饲料和粗饲料为主，应保持较高的营养水平，保证幼兔快速生长的营养需要。

1. 31～42 日龄

(1)饲喂：从 31 日龄起，改换生长兔饲料，日粮中的精饲料(仔兔补饲料)应占 80%。所喂饲料要清洁新鲜，带泥的青草，要洗净晾干后再喂。喂时要掌握少喂多餐，青料 1 天 3 次，精料 1 天 2 次，此外可加喂一些矿物质饲料。

(2)环境卫生：由于幼兔断奶后，生活环境发生巨变，同时幼兔生长快，抵抗力差，要求其所处的环境应干燥、卫生、安静，与断奶前尽量保持一致。对笼舍要定期进行认真洗刷消毒。保持笼舍清洁、干燥、通风。若笼舍潮湿，应及时更换垫草垫料。经常清粪、消毒，以消灭各种致病微生物及球虫。冬季兔舍温度应保持在 5℃以上，夏季应防暑降温。

(3)注射疫苗：35～40 龄，兔病毒性出血症、多杀性巴氏杆菌病二联灭活疫苗每只 2 毫升，皮下注射。

2. 43～74 日龄

(1)分群：断奶后 1 周时，进行分群，一般每笼 2 只(注意将体重相近的同笼存放)。

(2)饲喂：从 43 日龄起，根据大群健康情况逐步增加喂料量。全价颗粒饲料需要量参考标准：43～49 日龄，每只每天 60～110 克；50～60 日龄，每只每天 110～130 克；60～74 日龄，每只每天 130～150 克。在春夏青草充足的时候，可适当增加部分青草，以节约成本，青草日喂量为 300～750 克，分别在中午和晚上补饲，这样颗粒饲料可降低 40%的喂量。

传统养兔多采取定时定量、少喂勤添的方法。但近年来的研究表明,让育肥兔自由采食,可保持较高的生长速度。只要饲料配合合理,不会造成育肥兔的消化不良、过食等现象。总的原则是,保证育肥兔吃饱吃足,只有多吃,方可快长。

(3)疫病预防:43～49 日龄为断奶兔的第一危险阶段,除饲料里的抗球虫药外,饮水中大群添加抗生素如庆大霉素或诺氟沙星,连用 3 天,提前对幼兔的腹胀腹泻病加以预防。

57～63 日龄为断奶兔的第二危险阶段,此时,兔的采食次数增到最大每天 40 次。此阶段,一定要维持饲料的稳定性,并进行大群药物预防,建议庆大霉素或诺氟沙星粉剂连用 3 天对腹胀腹泻病提前预防。

(4)注射疫苗:60～65 日龄,兔病毒性出血症、多杀性巴氏杆菌病二联灭活疫苗或兔病毒性出血症(兔瘟)灭活疫苗每只 1 毫升,皮下注射。

(5)适当使用添加剂:在日常生产中,除了满足育肥兔在能量、蛋白、纤维等主要营养的需求外,还可适当使用添加剂。据报道,每千克饲料添加 200 毫克黄腐酸、0.5%复合酶制剂,日增重提高 12%～17.5%。

(6)细心管理:肉兔肥育期间因缺乏运动和光照,抵抗力较差,容易感染疾病,所以要精心管理。要经常检查兔群健康状况,注意环境卫生;兔舍、兔笼要及时清扫,定期消毒,一定要确保肥育期的兔能吃饱、吃好、休息好,使之有良好的健康体况。

(7)选留后备种兔:选留后备种兔在 10～12 周龄内进行。测定个体重、断奶至测定时的平均日增重和饲料转化率等,表现差者继续育肥。

3. 75～89 日龄

(1)饲喂:75 日龄开始进行催肥,采取自由采食,不间断饲料,保证其随时都能吃到饲料。

催肥时晚上喂给育肥兔的饲料要不少于白天的量,特别是夜间要喂 1 次精饲料,对育肥兔的健康和增膘都有一定好处。另外,应保证育肥兔有充足、清洁的饮水。

(2)遮光:在良好的通风条件下,采取遮阳避光育肥,弱光条件下兔子能采食、饮水,又符合兔子的昼伏夜行习性,采食频繁,促进生长。

(3)停止用药:在 75～89 日龄停止使用抗菌药物与抗寄生虫药物,以免兔体残留药物,影响人们的健康。

4. 90 日龄

正常情况下,当肉用兔 90 日龄,大型品种如比利时兔、塞北兔、哈白兔等体重在 3 千克左右,中型品种如新西兰兔、加利福尼亚兔体重在 2.25 千克左右、小型兔体重在 2 千克左右时及时出栏。

第四节　后备兔饲养管理

选留的后备种兔又称为青年兔,其抗病力已大大增强,死亡率较低,是其一生中最容易饲养的阶段。

1. 饲养

青年种兔的新陈代谢很旺盛,吃食量大,生长发育快,是长肌肉、长骨骼的阶段。因此,在饲养上必须供给充足的蛋白质、矿质元素和维生素。饲料应以青饲料为主,适当补给精饲料,每天每只可喂给青饲料500～600克,混合精料50～70克。5月龄以后的青年种兔,应适当控制精料喂量,以防过肥,影响种用。

2. 饲养管理

(1)分群:青年种兔的管理重点是及时做好公、母兔分群,防止早配、乱配。根据生产实践,3月龄的公、母兔生殖器官开始发育,已有配种要求,但尚未达到体成熟年龄。因此,从3月龄开始就要将公、母兔分笼饲养。

(2)第二次选留种兔:对4月龄以上的公、母兔进行第二次选择,此期兔被毛完全长齐,已看出毛绒质量。把生长发育优良、健康无病、符合种用要求的留作种用,最好以单笼饲养;根据选种标准选出不宜留种的青年兔,要及时划入育肥群。

(3)打耳号:为了在养兔生产中便于管理和记录,种兔场和养兔户一定要为种兔编刺耳号。兔编刺耳号,好比有了名字一样,不但便于饲养管理,更重要的是能避免近亲交配,便于控制血统,建立新的品系。

①针刺法:一般是养兔较少且又没有耳号钳的养兔户使用。方法是先在兔耳中间无血管处写上自己为其编刺的号码,而后保定兔子,快速用针沿数字扎刺,再抹上醋墨汁,使墨汁渗入针孔中,数字慢慢变蓝色,永不退色。

②耳号钳编刺方法:专用的兔耳号钳,号码用短针排列钳成。有10个重复的阿拉伯数码和部分ABC等英文字母,使用时,先将要编的号码卡在耳钳上排列好,用酒精或碘酒在兔耳无血管处消毒,再用耳钳在需刺部位猛夹一下,松开耳钳,然后抹上醋墨汁,并在耳号上用食指和拇指来回搓几下,使墨汁渗入针孔即可(刺时耳背部垫一橡皮,可使刺出的号码更清

楚)。用耳号钳编刺耳号不但方便省时,而且字体美观。

③耳标法:先用铝片制成小标签,上面打好要编的号码,然后用锋利刀片在兔耳内侧上缘无血管处刺穿,将标签穿过小洞口,弯成圆环状固定在耳上扣好。

④耳号排列方法:耳号排列一般由自己设计,一般第一位数用英文字母,英文字母一般代表品种,第一位数字可代表年份,第二位数字代表月份,第三位数字代表个体号。也可任意设计,并记录好编号的意义。

第五节　季节管理重点

肉用兔的生长发育与外界环境条件紧密相连。不同的环境条件对肉用兔的影响是不同的,而我国的自然条件,不论在气温、雨量、湿度还是饲料的品种、数量、品质都有着显著的地区性和季节性的特点。因此,在一年中,肉用兔饲养管理总的要求是雨季防湿,夏季防暑,冬季防寒;春、秋季抓好配种繁殖。

1. 春季的饲养管理

根据我国的气候特点,春季南方多阴雨,湿度大,所以兔子容易发病;北方多风沙,早晚温差比较大,对养兔也不利,所以春季在饲养和管理方面要注意以下问题。

(1)抓好饲料供应:严格掌握饲料的品质,不喂霉烂变质或夹带泥浆、堆积发热的青饲料。饲喂青饲料应该注意开始喂时要先少后多,逐渐增加;阴雨多湿天气要少喂高水分饲料,适当增喂干粗饲料;雨后收割的青饲料晾干后再喂;饲料中最好拌少量大蒜、洋葱等杀菌、健胃的饲料。

(2)搞好春繁配种:春季气候温和,饲草丰富,公兔性欲旺盛，母兔配种受胎率高，是肉用兔配种繁殖的好季节。所以饲养户要抓住这一有利时机，搞好繁殖工作。

(3)防备春季寒潮：春季气温很不稳定，很容易诱发肉用兔感冒和患肺炎，特别是冬繁幼兔刚断奶，更是容易发病死亡，所以要精心管理，严加防范。

(4)保持笼舍清洁卫生：做到勤打扫、勤清理、勤洗刷、勤消毒。经常对兔群进行健康检查。

(5)防止饲料中毒：春季饲料中毒现象较多，主要是采了返青早的不易辨认的有毒野草造成的。

(6)免疫接种：做好兔瘟、巴氏杆菌、魏氏梭菌等传染病的免疫接种工作。

2. 夏季的饲养管理

夏季高温多湿，病菌多，肉用兔因汗腺不发达，常受炎热影响而导致食量减少，这个季节对仔兔、幼兔的威胁大。因此夏季饲养管理的重点是防暑降温和精心饲养。

(1)降温防暑：不能让阳光直接照射在兔笼上，笼内温度超过30℃时，可在地面泼些凉水降温；露天兔场一定要及时搭凉棚或早种南瓜、葡萄等瓜藤之类，让它在笼顶上蔓延、遮阳；室内笼养的兔舍要大开窗门，让其空气对流。一旦兔发生中暑，应立即将病兔放在阴凉通风处，用凉水喷洒头部、四肢等处，兔一般会慢慢醒来。

(2)精心喂饲：夏季中午炎热，往往食欲不振，早餐要提早喂，晚上要推迟喂，还要注意多喂青饲料，合理添喂清解毒饲草，坚决杜绝发霉变质饲料。供给充足饮水，并在饮水中加入2%的食盐，以补充体内盐分的消耗，饲料中亦可适当加入一些预防球虫的药，如氯苯胍、苯乙腈等。

(3)疾病预防:夏季是兔球虫病发病率最高的时期,也是养兔成败的关键。

①药物预防:断奶小兔可连用氯苯胍 2 个月,每天用 1 片。也可用磺胺二甲基嘧啶每只兔每天 0.2～0.4 克,掺在饲料中连喂 7 天,间隔 7 天后再用 7 天。还应与其他抗球虫药物交替使用,以防产生抗药性。

②搞好消毒,杀灭虫卵:防球虫病消毒最好是用火焰消毒法。粪便要及时清理并堆积发酵(生物灭卵)。

③防止粪便污染饲料:最好采用笼外饲喂法,不让饲草接触粪便。

(4)做好夏繁工作:公兔有"夏季不育"的现象,原则上不宜让兔在夏季繁殖。但如果条件允许,可以选择晚上配种,配种时应将母兔放入公兔笼内。夏季应禁止兔血配,血配不仅会降低兔体质,而且产出的仔兔也长不好。

3. 秋季的饲养管理

秋季的气候转凉,此时的饲料充足而且营养丰富、全面,饲养管理的重点是抓好秋季繁殖和换毛期管理。

(1)加强饲养管理:秋季是肉用兔的换毛季节,营养消耗多,体质瘦弱,应该加强饲养管理。多些喂青绿多汁饲料,适当加喂蛋白质较多的精饲料;不喂露水草和雨后没晾干的青绿饲料,以防止引起肠炎等。

(2)搞好卫生防疫:特别是幼兔容易患感冒、肺炎、肠炎等疾病。从饲养管理入手,加强常见病、寄生虫病(尤其是球虫)等的防治;做好兔瘟、巴氏杆菌等传染病的免疫接种工作。

(3)及时贮备草料:根据饲养数量及时备足草料特别是粗饲料。

(4)抓好秋繁:秋季气候温和,饲料充足并且营养丰富,公、母兔体质开始恢复,性欲渐趋旺盛,母兔受胎率高,产仔数多,是肉用兔繁殖的好季节。但秋季是肉用兔换毛季节,营养消耗大,对配种繁殖有影响,要加强饲养管理就可避免。公兔因夏季休闲后可能会出现暂时性不育,所以首次配种必须进行复配。

4. 冬季的饲养管理

冬季气温低,日照时间短,缺乏青绿饲料,肉用兔的能量消耗多,要加强饲料管理。

(1)加强饲养管理:冬季应设法每天喂一些青绿饲料或菜叶、胡萝卜,以补充维生素。不论大小兔,每天供给的日粮要比其他季节增加 1/3。要喂些能量高的饲料,如玉米等。不能喂冰冻的饲料,冬季喂干饲料应当调制后再喂。同时要注意饮水,在低温下以饮温水为宜。冬季夜长,晚上要增喂 1 次。

(2)环境控制:冬季要保持兔舍内温度相对稳定,室内养兔要关好门窗,防止贼风侵袭;室外养兔要在笼门上张挂草帘,防止寒风侵入;不论大小兔都应该在笼内铺垫少量干草,以防止夜间受冻。

冬季兔舍密闭性增加,但通风不良,氨气、硫化氢、二氧化硫等有害气体增多,易诱发兔患眼结膜炎、鼻炎等病,因此,在晴朗的中午要打开门窗排出兔舍内的浊气。

(3)抓好冬繁:公兔一般在 12 月至第二年的 2 月,性欲不强,精子活力、密度正常,在有良好保暖条件的情况下,仍可获得较好的繁殖效果。配种时间选在天气晴朗、没风、天暖的中午进行。冬季繁殖的仔兔哺乳期要长些,一般不要搞血配,以繁殖 1～2 胎合适。

第五章　肉用兔的健康保护

作好兔病预防工作，防止疾病的发生，是当前保证肉用兔生产的关键。作好兔病预防工作，必须采取综合性技术措施，防止头疼医头，脚疼医脚的生产被动局面，要始终树立“防重于治，预防为主”的生产观点，才能保证肉用兔生产的不断发展和提高。

第一节　兔病综合防治措施

一、把好引种关

1. 引进兔时要检疫

引进种兔时，只能从非疫区购入，经当地兽医部门检疫，并签发检疫合格证明书，再经本场兽医验证、检疫，隔离观察1个月以上，确认为健康者，经驱虫、消毒(没有预防接种的，要补注疫苗)后，方可混群饲养。

兔场使用的饮料和用具也要从安全地区购入，不要随意购买。

2. 坚持“自繁自养”的繁殖方针

坚持“自繁自养”，其目的为防止因引进兔种而带入疫病，造成疾病的传播。

二、创造良好的饲养环境

环境条件的好坏直接影响到兔的生长发育和繁殖能力。因此，加强兔舍环境的调节控制，创造适宜的生活环境，有利于提高养兔效益。

1. 温度控制

温度过高过低均会影响兔的生长发育、生产性能和饲料报酬。适宜温度一般初生仔兔为 30～32℃，1～4 周龄兔为 20～30℃，生长兔为 15～25℃，成年兔为 15～20℃。因此，修建兔舍时应根据当地气候特点，选择开放、半开放或室内笼养兔舍；同时注意兔舍的保温隔热，四周种植花草树木。夏季应采取室内安装降温通风设备或地面喷水，降低饲养密度等降温措施。

2. 湿度控制

兔舍内相对湿度以 60％～65％为宜，一般不应低于 55％或高于 70％。湿度过大易引起疥癣、球虫病、湿疹等；湿度过小可引起呼吸道黏膜干燥，导致细菌、病毒感染发病。要加强通风，降低舍内饲养密度，及时清理粪尿和垫草，以降低舍内湿度。

3. 光照调控

一般认为繁殖兔每天光照 14～16 小时，光照强度每平方米不低于 4 瓦，有利于正常发情、妊娠和分娩；公兔每天光照应保持 12～14 小时，持续光照超过 16 小时，会影响精子的质量和数量；育肥兔采取遮阳避光育肥。

4. 有害气体控制

兔舍内的兔粪尿等如未及时清理,通过发酵可产生大量氨气、硫化氢、二氧化碳等有害气体,可引起呼吸道和眼睛等病变。据报道,每立方米空气中氨的含量达50毫克时,可使兔呼吸频率减慢,流泪、鼻塞,达100毫克时,可使眼泪、鼻涕和流涎显著增多。兔舍内有害气体允许浓度为氨小于30毫克/立方米,硫化氢小于10毫克/立方米,二氧化碳小于500毫克/立方米。调节和控制舍内有害气体的关键措施可采取降低舍内饲养密度,增加清粪次数,减少饮水器泄漏,加强自然通风等。

5. 噪音控制

兔胆小怕惊,突然的噪声可引起妊娠母兔流产、哺乳母兔拒绝哺乳,甚至残食仔兔等严重后果。噪声的来源主要有三方面:一是外界传入的声音;二是舍内机械、操作产生的声音;三是兔自身产生的采食、走动和争斗的声音。为了减少噪声,兴建兔舍一定要远离高噪音区,如公路、铁路、工矿企业等,尽可能避免外界噪声的干扰;饲养管理操作要轻、稳,尽量保持兔舍的安静。

6. 灰尘的控制

为了减少兔舍空气中的灰尘含量,应注意饲养管理的操作程序,使用颗粒饲料,保证兔舍通风性能良好。

三、消毒控制

把病原微生物杀死或者使之停止繁殖的方法,叫消毒。当前,有相当多的兔场,尤其养殖户,存在对卫生消毒工作的重视不够，措施不力，摆样子走过场现象，致使整个防疫制度脱节，出现漏洞，达不到所预期效果，致使疫情愈来愈严重。

卫生消毒工作在于消灭病原微生物，阻断它们与兔体接触，是疾病防治最根本、最关键的措施。虽然不可能消灭兔舍内所有病原体，但经过努力，可最大限度的清除传染源，再配合免疫接种、药物防治等措施，就可确保兔群健康。

1. 进场进舍的消毒

进入场区的人员、车辆，必须经药物喷雾消毒后才能进入场内；出售育肥兔必须在场区外进行，已调出的育肥兔，严禁再送回兔场；严禁其他畜禽进入场区。

2. 场区和环境的消毒

兔舍周围每隔 3～5 天扫除 1 次，每隔 10～15 天消毒 1 次；晒料场每日清扫 1 次，每隔 5～7 天消毒 1 次。每年春秋两季，兔舍墙壁上和固定兔笼的墙壁上涂抹 10%～20%的生石灰乳，墙角、底层笼阴暗潮湿处应撒上生石灰；生产区门口、兔舍门口、固定兔笼出入口的消毒池，每隔 1～3 天清洗 1 次，并用 2%的热碱水溶液消毒。

3. 带兔消毒

带兔消毒，首先将笼中接粪板上的粪便清理掉，以及笼上的兔毛、尘埃和杂物清理干净，然后用消毒药进行喷洒消毒。方法是用 0.1%过氧乙酸，0.1%消毒威进行喷洒消毒，要喷至笼中挂小水珠即可，在带兔喷洒消毒时，为了减少对兔的应激反应，要和兔体保持 80 厘米以上的距离喷洒，消毒液水温也不要太低。

4. 水、食盒的消毒

一般1周消毒1次，具体方法是将水、食盒从笼具上取下，集中起来用清水清洗干净，放入配制好的消毒液中浸泡30分钟，再清洗待晾干后即可使用。

5. 产箱的消毒

为了防止仔兔皮炎、疥癣以及球虫等疾病的传播，凡在仔兔分窝后，必须将产仔箱进行消毒处理。方法是将箱内垫草等杂物清理干净，用2%火碱进行彻底喷洒，或用喷灯进行烧灼消毒。

6. 发生疫病后的消毒

兔场发生传染病时，应迅速隔离病兔并对其进行单独饲养和治疗。对受到污染的地方和用具要进行紧急消毒，病死兔要远离兔场烧毁或深埋。病兔笼和污物要用酒精喷灯严格消毒。加强饲养人员出入饲养场区的消毒管理。发生急性传染病的兔群应每天消毒1次。兔舍消毒应选择在晴天进行，并注意做好通风工作。当传染病被控制后，若不再发现病兔及有关症状，全场范围内应进行1次彻底消毒。

四、做好基础免疫

预防接种是控制传染病发生的一种重要手段。

1. 各类兔的疫苗防疫

各地可根据本地疫情发生情况参考执行。

(1)肉用兔

30日龄：兔瘟疫苗，每只皮下注射2毫升。

35～40日龄，兔病毒性出血症、多杀性巴氏杆菌病二联灭活疫苗，每只皮下注射 2 毫升。

60～65 日龄，兔病毒性出血症、多杀性巴氏杆菌病二联灭活疫苗或兔病毒性出血症（兔瘟）灭活疫苗，每只皮下注射 1 毫升。

（2）繁殖母兔（每年 2 次定期免疫）

第 1 次，兔病毒性出血症、多杀性巴氏杆菌病二联灭活疫苗，每只皮下注射 2 毫升；兔产气荚膜梭菌病（魏氏梭菌病）A 型灭活疫苗，每只皮下注射 2 毫升。

第 2 次，兔病毒性出血症、多杀性巴氏杆菌病二联灭活疫苗，每只皮下注射 2 毫升；兔产气荚膜梭菌病（魏氏梭菌病）A 型灭活疫苗，每只皮下注射 2 毫升。

注：定期免疫时，各种疫苗注射间隔 5～7 天。

（3）种公兔（每年 2 次定期免疫）

第 1 次，兔病毒性出血症、多杀性巴氏杆菌病二联灭活疫苗，每只皮下注射 1 毫升；兔产气荚膜梭菌病（魏氏梭菌病）A 型灭活疫苗，每只皮下注射 2 毫升。

第 2 次，兔病毒性出血症、多杀性巴氏杆菌病二联灭活疫苗，每只皮下注射 1 毫升；兔产气荚膜梭菌病（魏氏梭菌病）A 型灭活疫苗，每只皮下注射 2 毫升。

注：定期免疫时，各种疫苗注射间隔 5～7 天。

2. 疫（菌）苗使用方法

（1）购买的疫（菌）苗必须是国家定点或指定的生物制品厂或相应的销售机构，清楚地标明疫（菌）苗的名称、生产日期、生产批号、保存及使用方法、生产厂家并且附有合格证。

（2）疫（菌）苗一般应在 18℃以下、4℃以上避光保存。没有冰箱时可贮存于地窖水井水面上部。切勿高温和冰冻保存

（如疫苗注明可冰冻保存的除外）。保存时间一般在 6 个月以内。

（3）疫（菌）苗使用前要认真检查，进行预防接种时，首先要看清疫苗使用说明书或瓶签，按规定方法使用，并做好登记，主要记载接种日期、疫苗或菌苗名称、生产厂家、批号、有效日期、接种剂量、接种方法、接种只数等，以便观察接种效果，分析发生问题的原因。

凡有下列情况之一者不应使用：

①无标签或标签不清，又不确知的疫（菌）苗，过期失效的疫（菌）苗；

②质量有问题的疫（菌）苗（如发霉、色变、沉淀结絮、有异物等）；

③瓶壁破裂或瓶塞脱落、瓶壁渗漏的疫（菌）苗；

④未按要求保存的疫（菌）苗等。

（4）所有注射器和针头等应严格消毒，每只兔使用 1 支针头。

（5）疫（菌）苗使用前必须摇匀，一瓶疫（菌）苗应一次用完。若没有用完而又准备在短期内使用，应抽出瓶内空气，针孔处应该用石蜡密封。

（6）注射部位应先消毒，注射剂量要准确，注射完毕拔出针头时，要用棉球闭塞针孔并轻轻挤压，以防疫苗从针孔处外流。

（7）如果使用的是合格疫苗，如使用了二联或三联苗进行了免疫接种，一般不必再注射单联疫苗了，除非确信此次免疫失败。

五、药物预防

兔群除加强饲养管理，及时进行免疫接种外，群体应用药物预防疾病，是重要的防疫措施之一。尤其在某些疫病流行季节之前或流行初期，应用安全、价廉、残留少、有效的药物加入饲料、饮水或添加剂中，进行群体预防和治疗，可以收到明显的效果。比如产后 3 日内，母兔每次内服长效磺胺片 0.05 克/千克体重，每日内服 2 次，连服 3 日，可预防乳房炎等疾病的发生。将磺胺二甲嘧唑按 0.4%～0.5%的量混入饲料中内服，每日 2 次，或以 0.2%浓度饮水，连饮 3 周；或用强力霉素每千克体重 5～10 毫克，每日内服 2 次，可减少波氏杆菌病、巴氏杆菌病及球虫病的发生。用土霉素按每千克体重 20 毫克，每日内服 2 次，连服 3 日，可预防巴氏杆菌病及魏氏梭菌病的发生。

在兔群中，防止球虫病的感染是提高仔兔成活率的关键。可在饲料中经常混入一些葱、蒜等食物，同时要注意用药物预防。在仔兔开食或断奶期间，可用球痢灵，每千克体重 50 毫克，每日内服 2 次，连用 5 日；或氯苯胍，每千克饲料中加药 150 毫克，断奶开始连用 45 日；或可爱丹(氯羟吡啶)，每千克饲料中加药 200 毫克，连用 4 周，可预防球虫病、滴虫病及其他细菌的感染。

在使用药物预防时，注意防止产生耐药性，影响药物的防治效果。因此要经常进行药敏试验，选择有高度敏感性的药物用于防治。每次投药剂量要足，混饲时搅拌要均匀，用药时间一般以 3～7 天为宜。肉用兔必须在宰前 7～15 天停止使用抗菌药物与抗寄生虫药物，以免兔体残留药物，影响人们的健康。同时，使用的药物要详细登记名称、批号、剂量、方法等，以便观察效果，适时处理出现的问题。

六、减少应激

应激是兔对造成其生理紧张状态的环境压力或心理压力的反应，应激对兔生长、健康、繁殖等都会产生不良影响。

1. 引发兔应激的因素

兔是一种习惯性很强的动物，对各种突如其来的刺激会产生应激反应。

(1)惊吓：突然的喧闹声、机器的轰鸣、锣鼓音及鞭炮声等，都会使家兔受到惊吓而产生应激反应。发情停止，繁殖机能紊乱，孕兔出现流产，哺乳母兔拒绝哺乳，正在分娩的孕兔会发生难产，有些母兔甚至咬伤或吃掉仔兔。幼兔神经调节机能不全，胆子极小，容易惊群，造成踩伤、挤伤；部分幼兔出现脑溢血或胃脏、胆囊破裂而死。

(2)转群：断乳后的幼兔，因环境的改变产生应激反应，主要是由于笼舍位置的改变和与同伴分开所造成的孤独和恐惧，招致家兔的抗病力下降，易感染发病。

(3)温度：由于家兔调节体温能力差，因此，当室内、外气温的突然升高或下降时，都会使家兔产生应激反应。

①气温突然升高：当气温升高超过临界线35℃时，轻者引起食欲不振，导致疾病；重者中暑死亡。

②气温突然下降：使兔群易患感冒，并为巴氏杆菌病和球虫病的发生和流行提供条件。

(4)异味：家兔的嗅觉十分发达，对异常气味特别敏感。如兔舍内的空气流通不畅、臭气熏天时，会使家兔产生应激反应，兔群表现不安、食欲减少或拒食。尤其是室内空气中的二氧化碳含量超过 25%时，会引起家兔中毒死亡。

(5)潮湿：当兔舍内的湿度超过 65%时，家兔就会产生应激反应，极容易引发消化道疾病和球虫病。

(6)料变：突然改变饲料的结构和饲喂的数量、次数等，都会引起家兔应激反应，尤其是断乳后的幼兔更明显。病兔表现为消化不良，腹泻，肠炎，死亡率高达 50%以上。

(7)缺水：当母兔产仔后，感到腹空、口渴，找不到水时，就会产生应激反应，母兔就有可能吃掉仔兔。

(8)编号：30～40 日龄幼兔，正值打耳号时期。在相同的条件下，兔群发病率比未打耳号的高。

(9)接种：30～40 日龄正是接种兔病毒性出血症疫苗的时段，接种疫苗的兔群的死亡率明显高于未接种的兔群。

2. 防治措施

在养兔生产中，应尽量减少各种应激的发生，或将应激强度、时间降到最低。如仔兔断奶采用原笼饲养法，断奶、刺号间隔进行，长途调运采用铁路运输为佳，兔舍饲养密度不宜过大，饲料配方变化逐渐进行，严禁生人或野兽进入兔舍等。应尽量做到防止噪音，谢绝人员参观，严禁其他动物进入，每天的操作管理程序保持相对稳定，如开灯关灯、喂料、打扫卫生、配种等，若要更换饲料，需经 5～7 天的过渡，不可突然更换等。日粮中添加维生素 C，可降低家兔的应激反应。

七、预防中毒病

对于中毒也须坚持“预防为主”的方针，在预防中要防止各类中毒疾病的发生。

1. 防止农药中毒

常用的农药如乐果、敌敌畏、敌百虫等，它们均属有机磷化合物，主要用于农作物杀虫剂和治疗兔体外寄生虫病。如果兔采食了刚喷洒过农药的植物或饲料源被农药污染或治疗体外寄生虫时用药及方法不当，均会引起兔中毒。

为防止中毒应注意 2 个方面：严格控制有机磷农药喷洒过的青饲料、蔬菜、谷类等农作物 7 天内不能割喂。敌百虫用于治疗体外寄生虫病时，要严格遵守使用规则，如浓度过高，会引起体表吸收中毒，还应防止兔啃咬而引起中毒。

2. 防止有毒植物中毒

能致兔中毒的有毒植物很多，如曼陀罗、防风、甜菜、毛茛、蓖麻、毒芹等。兔误食了这些有毒植物，就会发生中毒。为了防止中毒，应该首先了解本地区的毒草种类；其次，饲养员及技术人员要学会识别毒草能力；第三，对凡不认识或怀疑有毒的植物，一律禁喂。

3. 防止霉饲料中毒

霉变饲料上有大量霉菌繁殖并产生有毒代谢物，主要有镰刀霉、黄曲霉、穗状葡萄菌、甘薯黑斑霉等。兔采食霉变饲料后会引起中毒。因此贮存饲料间要干燥、通风，以防饲料发生霉变；发霉的饲料不能饲喂，并应废弃或烧毁。

4. 防止鼠药中毒

常用的灭鼠药有敌鼠钠盐、氯敌鼠、杀鼠灵、杀鼠迷、大隆、溴敌隆等，被兔误食后即会引起中毒。故应注意饲料间严禁布放灭鼠药，以防污染饲料。在兔舍放置毒饵时，要特别注意，勿使兔接触误食。

八、粪便的控制处理

兔粪中含的氮、磷、钾比其他畜禽粪便都高,还含有多种微量元素和维生素。1只成年兔1年大约可积肥10千克,10只成年兔的排粪量相当于1头猪的排粪量。每100千克兔粪相当于10.85千克硫酸铵、10.90千克过磷酸钙、1.79千克硫酸钾的肥效。

兔粪尿能改良土壤团粒结构,提高土壤肥力,并具有杀虫灭菌、抗旱保墒等作用。施用兔粪尿的土壤,能减少蝼蛄、红蜘蛛、黏虫等地上和地下的害虫。在棉苗期施用稀兔粪尿能防治侵害棉苗的地老虎,用兔粪尿熏烟可杀死僵蚕菌,使蚕茧丰收。施用兔粪尿对各种作物都能起到增产作用。

兔粪尿中的尿素。氨态氮及钾、磷等都能被植物直接吸收利用,但其中未被消化吸收的蛋白质不能被植物直接利用,需经发酵腐熟后才能被吸收,因此,必须对兔粪尿进行加工处理,以提高其肥效和利用率。

1. 脱水干燥处理

脱水干燥处理方法主要用于兔粪的处理。脱水干燥处理的方法主要有高温快速干燥、自然干燥等。

(1)高温快速干燥:采用以回转圆筒烘干炉为代表的高温快速干燥设备,要在短时间内(10分钟左右)将湿兔粪迅速干燥至含水仅10%～15%的兔粪。

(2)自然干燥处理:在夏季,只需约1周的时间即可把兔粪的含水量降到10%左右。

2. 堆肥发酵处理

(1)充氧动态发酵:在45～55℃下处理12小时左右,可获得除臭、灭菌、灭虫的优质有机肥料。

(2)堆肥处理：堆肥处理是指将富含氮的有机物(粪便、病死兔等)与富含碳的有机物(秸秆等)在好氧、嗜热性微生物的作用下转化为腐殖质、微生物及有机残渣的过程。

(3)堆肥药物处理：在急需用肥的季节，可用化学药物和野生植物进行无害化处理，如每 100 千克粪肥中加入 50%的敌百虫 2 克，搅拌均匀，气温在 20℃以上时，1 天后即可杀死全部虫卵，气温较低时，需延长处理时间。

3. 生产沼气

在管理上注意沼气房的通风，不能堆放易燃物品，并要防止缺氧，清除沉渣时要注意安全，以免中毒。生产沼气的条件：①保证池壁密闭，不漏气、不漏水，创造厌氧环境。②合理搭配原料，维持产气持续；一般原料的碳氮比以 1∶25 为宜。③控制原料与水的比例，多采用的原料与加水量为 1∶1。④保持沼气池周围环境的适宜温度为 20～30℃，当沼气池温度降到 8℃，产气量迅速下降，在冬季较冷的地区要注意保温。

4. 用于养殖业

实践证明，兔粪是一种好饲料，用兔粪喂畜禽鱼类，能很好地被消化吸收和利用。

(1)兔粪喂猪：国内外用兔粪喂猪的报道很多，许多养兔户用兔粪喂猪，节省了精料，增加了经济收入。综合养兔户用兔粪喂猪的方法有下列几种：

第一，用鲜兔粪直接喂猪。用一口大锅烧开水(按水粪 1∶2比例加水)，将捡去杂质的新鲜兔粪放入锅内煮沸 5～10 分钟，再加入混合精饲料(兔粪占 30%～40%，精饲料占

60%～70%)继续煮沸3～5分钟,并将兔粪球搓开搅拌,使粪料混合均匀,成稠粥样。待温凉后即可饲喂,每天可喂3～4次。用兔粪喂肥猪,每头可节省50～100千克混合精料,喂母猪每只可节省混合精料175千克。15～20只成年兔粪可供1头母猪食用。

第二,发酵后喂猪。发酵法有两种:一是将收集到的新鲜兔粪去掉杂物,晒干砸碎装缸,每10千克干兔粪加6～7千克水、0.1～0.2千克食盐,搅拌均匀,装缸八成满,然后将缸口用塑料薄膜密封发酵。发酵时间:夏季2～3天,春秋季5～10天,冬季15～20天。二是将收集到的新鲜兔粪去掉杂物,搓碎后拌入饲料(水草、菜叶、洋槐叶等),粪与青饲料按3∶1的比例。再加入0.5%～1.0%食盐和适量清水,加水量以手攥紧不滴水,一松手又散开为度,然后装缸压实,在其上边再加上2～3厘米厚的麸皮、米糠等,以便保温。一般装八成满,最后将缸口用塑料薄膜或黏土封严发酵,热天经2～3天,冷凉天经8～15天即可发酵好。发酵后有酸香味,适口性好,猪喜吃。

第三,晒干粉碎后喂猪。此法比较简便。即将收集到的鲜兔粪去掉草和杂质,在阳光下晒干后粉碎,配合混合精料直接用来喂猪,粪料比可为3∶7。

(2)兔粪喂鸡:兔粪可以代替部分玉米饲喂肉鸡。

(3)兔粪喂鱼:将屠宰下脚料(包括胃肠道中的粪便)放入锅中,加水煮熟后再加入玉米面、麸皮、谷糠等,继续煮沸5分钟(下脚料占60%、混合精料占40%左右),使之成为稠粥样。取出放在水泥地上再掺入一部分玉米面、麸皮、谷糠等组成的混合精料,晒干制成颗粒饲料喂鲤鱼,适口性好,生长快。经

90天饲养，使鲤鱼每公顷产量增收50%左右。

九、鼠和蚊、蝇的控制

老鼠、蚊、蝇等是病原微生物的宿主和携带者，能传播多种传染病和寄生虫病。由于养兔场中的饮料为鼠类提供了丰富的食物，场内小气候又适合于鼠类的生长，一些缝隙和孔穴为其躲藏、居住和活动提供了方便条件，加之鼠类的繁殖快，因而一些对鼠类失于防控的养兔场，往往鼠类数量很大，危害十分严重，养兔场必须采取综合性措施灭鼠。

1. 灭鼠

鼠是人、畜多种传染病的传播媒介，鼠还盗食饲料和咬死幼兔，咬坏物品，污染饲料和饮水，危害极大，因此兔场必须做好灭鼠工作。

(1)防止鼠类进入建筑物：在设计和建设兔场时，就应考虑防鼠措施，防止鼠类进入兔场。日常管理工作中要把防鼠灭鼠、消灭虫害列入兽医卫生防疫计划，制订措施。平常要搞好兔场的环境卫生，及时清除兔舍周围的杂物、垃圾及乱草堆等。

(2)器械灭鼠：器械灭鼠方法简单易行，效果可靠，对人、畜无害。灭鼠器械种类繁多，主要有夹、关、压、卡、翻、扣、淹、黏等。近年来还采用电灭鼠和超声波灭鼠等方法。

(3)生态灭鼠：利用鼠类天敌，如猫等来捕杀。

(4)化学灭鼠：即有计划的投放毒饵，在一个地区内统一时间，围杀鼠类。常用的灭鼠药有敌鼠钠盐、氯敌鼠、杀鼠灵、杀鼠迷、大隆、溴敌隆等。投饵方法为可将毒饵盒沿兔场周围鼠出没通道设置，长期投放对杜绝鼠害效果很好。灭鼠药要定期更换，以防鼠拒食和产生耐药性。放置毒饵时，应注意防止兔误食中毒。

2. 灭蚊、蝇

养殖场易孳生蚊、蝇等有害昆虫，骚扰人、畜和传播疾病，给人、禽健康带来危害，应采取综合措施杀灭。

(1)环境卫生：搞好养殖场环境卫生，保持环境清洁、干燥，是杀灭蚊蝇的基本措施。蚊虫需在水中产卵、孵化和发育，蝇蛆也需在潮湿的环境及粪便等废弃物中生长。因此，应填平无用的污水池、土坑、水沟和洼地。保持排水系统畅通，对阴沟、沟渠等定期疏通，勿使污水储积。对贮水池等容器加盖，以防蚊蝇飞入产卵。对不能清除或加盖的防火贮水器，在蚊蝇孳生季节，应定期换水。永久性水体(如鱼塘、池塘等)，蚊虫多孳生在水浅而有植被的边缘区域，修整边岸，加大坡度和填充浅塘，能有效地防止蚊虫孳生。养殖舍内的粪便应定时清除，并及时处理，贮粪池应加盖并保持四周环境的清洁。

(2)化学杀灭：化学杀灭是使用天然或合成的毒物，以不同的剂型(粉剂、乳剂、油剂、水悬剂、颗粒剂、缓释剂等)，通过不同途径(胃毒、触杀、熏杀、内吸等)，毒杀或驱逐蚊蝇。化学杀虫法具有使用方便、见效快等优点，是当前杀灭蚊蝇的较好方法。

①马拉硫磷：为有机磷杀虫剂，它是世界卫生组织推荐用的室内滞留喷洒杀虫剂，其杀虫作用强而快，具有胃毒、触毒作用，也可作熏杀，杀虫范围广，可杀灭蚊、蝇、蛆、虱等，对人、畜的毒害小，故适于畜禽舍内使用。

②敌敌畏：为有机磷杀虫剂，具有胃毒、触毒和熏杀作用，杀虫范围广，可杀灭蚊、蝇等多种害虫，杀虫效果好。但对人、

畜有较大毒害，易被皮肤吸收而中毒，故在畜舍内使用时，应特别注意安全。

③合成拟菊酯：是一种神经毒药剂，可使蚊蝇等迅速呈现神经麻痹而死亡。杀虫力强，特别是对蚊的毒效比敌敌畏、马拉硫磷等高 10 倍以上，对蝇类，因不产生抗药性，故可长期使用。

十、病死兔的处理

1. 深坑掩埋

深埋时应当建立用水泥板或砖块砌成的专用深坑。

2. 焚烧处理

以煤或油为燃料，在高温焚烧炉内将病死兔烧成灰烬，可以避免地下水及土壤的污染问题。

3. 堆肥处理

主要用于病死兔，而且往往是病死兔和兔粪混合堆肥处理。

第二节　肉用兔健康检查

疫病的诊断是养兔业生产一个必不可少的手段，它可以及时发现疫情，及早采取有效的控制和扑灭措施，使兔群减少损失。兽医与饲养员每天要认真观察兔群及个体饮食、排粪量、粪球形态、行动、呼吸、睡眠、口鼻腔分泌物、被毛等有无异常。如发现有异常，应及时进行体温和可视黏膜、被毛、皮肤及呼吸、脉搏等的检查。对可疑病兔进行病理学、微生物学、血清学等检验。如发现疫情,力争将疫病扑灭在初期阶段。首选要查清传染源与可能发生的疫病的途径,并立即进行检疫、隔离治疗,全面消毒。然后根据确诊的疫病,进行紧急预防接种或药物预防,尽可能在短期内控制与扑灭疫病。

一、兔的捕捉、搬运和保定

肉用兔虽然是小动物,性情温驯,但它行动敏捷,被毛光滑,又具有防御的天性,会用牙齿和爪来防卫。在诊治过程中,稍有不慎,会被兔抓伤或咬伤。兔胆小怕惊,在捕捉、搬运和保定时会挣扎,如果方法不当,对兔会造成不应有的损伤。

1. 捕捉兔的方法

疾病的诊断、治疗,母兔的发情鉴定及妊娠检查等,均需先捕捉兔。有些人捉兔习惯抓住两耳或后肢,这是错误的。抓住两耳或后肢会使兔挣扎或跳跃,损伤耳、腰、后肢,致使脑缺血或充血。对成年兔直接抓其腰部也不对,这样会损伤皮下组织或内脏,影响健康。有时会造成孕兔流产。

正确的方法是仔兔,因其个体小,体重轻,可以直接抓其背部皮肤;或围绕胸部大把松松抓起,切不可抓握太紧。对幼兔,应大把连同两耳将颈肩部皮肤一起抓住,兔体平衡,不会挣扎;对成年兔,方法同幼兔,但由于成年兔体重大,操作者需两手配合。一手捕捉,一手置于股后托住兔臀部,以支持体重。这样既不会伤害兔,也避免兔抓伤人。

2. 兔的徒手搬运

以一手大把抓住两耳和颈肩部皮肤,虎口方向与兔头方向一致,将兔头置于另一手臂与身体之间,上臂与前臂呈 90°

角夹住兔体，手置于兔的股后部，以支持兔的体重；搬运中应遮住兔眼，使兔既无不适感，又表现安定。

3. 保定方法

(1)徒手保定法

①方法一：一手连同两耳将颈肩部皮肤大把抓起，另一手抓住臀部皮肤和尾即可，并可使腹部向上。适用于眼、腹、乳房、四肢等疾病的诊治。

②方法二：相似于幼兔、成年兔搬运时的捉兔方法，不同的是将兔的口、鼻从臂部露出。适用于口、鼻的采样。

(2)器械保定法

①包布保定：用边长 1 米的正方形或正三角形包布，其中一角缝上两根 30～40 厘米长的带子，把包布展开，将兔置包布中心，把包布折起，包裹兔体，露出兔耳及头部，最后用带子围绕兔体并打结固定。适用于耳静脉注射、经口给药或胃管灌药。

②手术台保定：将兔四肢分开，仰卧于手术台上，然后分别固定头和四肢。市售有定型的小动物手术台。适用于兔的阉割术、乳房疾病治疗及腹部手术等。

③保定筒、保定箱保定：保定筒分筒身和前套 2 个部分，将兔从筒身后部塞入。当兔头在筒身前部缺口处露出时，迅速抓住两耳，随即将前套推进筒身，两者合拢卡住兔颈保定箱分箱体和箱盖两部分，箱盖上挖有一个半圆形缺口，将兔放入箱内，拉出兔头，盖上箱盖，使兔头卡在箱外。适用于治疗头部疾病、耳静脉注射及内服药物。

(3)化学保定法：主要是应用镇静剂和肌松剂，如静松灵，戊巴比妥钠等使肉用兔安静，无力挣扎。

二、临床症状诊断

兔病的诊断，首先要从检查病兔、收集症状着手，在检查病兔、收集症状的过程中，既要注意全面，又要掌握重点，并且还要善于发现问题，提出线索，步步深入。只有收集到的材料十分丰富和合乎实际，才能作出正确的诊断。

在检查病兔、收集症状以后，必须对所得的各种材料作综合分析。在分析时，要把症状区别为哪些是主要的，哪些是次要的，哪些是特殊的，哪些是一般的，要着重抓住那些主要症状和特殊症状。因为有些疾病的许多症状往往是随着病程的发展而逐步表现出来，或随着病程的发展而逐步地演变。因此，在分析时，还要求对疾病的发展过程进行系统的观察，不能静止地、孤立地看待病兔表现出来的症状。

在分析症状、确定诊断之后，诊断工作并没有完毕，还要实施防治、验证诊断。判定诊断的是否正确，不是依主观上觉得如何而定，而是要应用于防治实践，看它是否能够达到预期的目的。一般说来，成功的是正确的，失败的就是错误的。

综上所述，从检查病兔、收集症状，分析症状，确定诊断到实施防治、验证诊断，是诊断疾病的认识过程，三者互相联系，不可分割。其中收集症状是认识疾病的基础；分析症状是暴露疾病本质，是制定正确防治措施的关键；实施防治是诊断的必由途径，绝对不可偏废。

(一)一般检查

临床检查病兔必须有一定的顺序，才不至于遗漏主要症状。临床检查通常按一般检查和系统检查的顺序进行。

一般检查主要包括外貌、可视黏膜，体温测定等，了解一般情况，得出初步印象，然后再重点深入进行分析。

1. 外貌检查

检查时应注意外形、肌肉、骨骼等是否正常。体格发育和营养良好的健康兔，外观其躯体各部匀称，肌肉发达，皮下脂肪丰满，骨骼棱角处不显露。发育和营养不良的兔，表现体躯矮小，瘦弱无力，骨骼显露，发育迟缓或停滞。

2. 精神状态

兔的精神状态是衡量中枢神经机能的标志。健康兔的行动，起卧都保持固有的自然姿势，动作灵活，轻快敏捷，两眼有神，稍有动响或有人接近兔笼，立即抬头，两耳竖立。如受惊恐，会用后足拍打地面，在笼中窜跑。带仔母兔变得具有攻击性，若母兔正在产仔时会发生吃仔现象。健康兔白天采食外，大部分时间处于休息，两眼半闭，呼吸动作轻微，稍有动静时，立即睁眼。当中枢神经机能受到抑制时，会出现精神沉郁，反应迟钝，头低耳垂，眼闭呆立，有的出现跛足或异常姿势。总之，过度兴奋或抑制，都可出现异常反应。

3. 被毛健康

兔被毛平顺浓密，有光泽而富弹性。除了换毛季节，如被毛粗糙蓬乱，稀疏。暗淡无光，污浊。均是营养不良或患病的表现，如腹泻病、寄生虫病、慢性消耗性疾病等。如被毛脱落。并呈灰色麸皮样结痂，可能患毛癣病或疥癣病。兔颌下、胸部、前爪被毛湿润则可能患溃疡性齿龈炎、齿病、传染性水疱性口炎、发霉饲料中毒、有机磷农药中毒、大肠杆菌病、坏死杆菌病等。

4. 皮肤

皮肤致密结实而富有弹性是健康兔的表现，检查时应查看皮肤颜色及完整性。并用手触摸身体各部位有无脓肿，光滑与否。鼻端、两耳背及边缘、爪等处被毛脱落，并有麸皮样的结痂物，可能患疥螨病。腹部、背部或其他部位皮肤凸出表现即脓肿，可能患葡萄球菌病。母兔乳头周围皮肤呈暗紫色或有脓肿，可能患乳房炎。如公兔睾丸皮肤有糠麸样皮屑，肛门周围及外生殖器官的皮肤有结痂，可能患梅毒。母兔流产，并从阴道内流出红褐色的分泌物，则疑为李氏杆菌病。口腔、下颌部和胸前部皮肤坏死并有恶臭，可能患坏死杆菌病。另外注意有无外伤。

5. 眼睛

健康兔的眼睛圆而明亮，活泼有神，眼角干净无脓性分泌物。如眼睛呆滞，似张非张，反应迟钝，则为患病或衰老的象征。如眼睛流泪或有黏液、脓性分泌物，精神萎靡，可能患慢性巴氏杆菌病、结膜炎。

6. 耳

正常耳朵应直立且转动灵活。如下垂则可能因抓兔方法不当或受外伤、冻伤所致。耳壳内应清洁，耳尖耳背无结痂，如耳内有结痂则可能患痒螨或中耳炎。健康的白色兔耳色粉红。如用手握住感觉过热，耳呈红色，则为发热；用手握住感觉发凉，耳色青紫，则可能患有重病。

7. 可视黏膜检查

可视黏膜包括眼结膜、口腔、鼻腔、阴道的黏膜。黏膜具有丰富的微血管，根据颜色的变化，大体可以推断血液循环状态和血液成分的变化。临床上主要检查眼结膜，检查时一手固定头部，另一手以拇指和食指拨开下眼睑即可观察。正常的结膜颜色为粉红色。眼结膜颜色的病理变化常见的有以下几种：

（1）结膜苍白：是贫血的征象。急速苍白见于大失血，肝、脾等内脏器官破裂；逐渐苍白见于慢性消耗性疾病，如消化障碍性疾病、寄生虫病、慢性传染病等。

（2）结膜潮红：结膜潮红是充血的表现。弥漫性充血（潮红）见于眼病、胃肠炎及各种急性传染病；血管高度扩张，呈树枝状，常见于脑炎、中暑及伴有血液循环严重障碍的心脏病。

（3）结膜黄染：是血液中胆红素含量增多的表现，见于肝脏疾患、胆道阻塞、溶血性疾病及钩端螺旋体病等。

（4）结膜发绀：是血液中还原血红蛋白增多的结果，见于伴有心、肺机能严重障碍，导致组织缺氧的病程中，如肺充血、心力衰竭及中毒病等。

（5）结膜出血：有点状出血和斑片状出血，是血管通透性增高所致，见于某些传染病等。

另外，要检查眼结膜的分泌物（眼屎），凡有分泌物（眼屎）者，一般是有病的表现。

8. 淋巴结检查

健康兔体表淋巴结甚小，触诊不易摸到。如果能够摸到颌下淋巴结、肩前淋巴结、股前淋巴结等，表明淋巴结发炎、肿胀，应进一步查明原因。

9. 体温测定

对兔体温测定，是临床检查的主要项目之一。因借助体温变化，有助于推测和判定疾病的性质。若出现高热时，多属急性全身性疾病，无热或微热多为普通病，大失血或中毒以及濒死前的衰竭，往往体温低于常温，预后不良。有经验的人用手触摸兔的耳根或胸部，能基本断定是否发热，当然不如体温表测温准确。体温测定一般采用肛门测温法，测温时，用左臂夹住兔体，左手提起尾巴，右手将体温表插入肛门，深度3.5～5厘米，保持3～5分钟。兔的正常体温为38.5～39.5℃。

10. 脉搏数测定

兔多在大腿内侧近端的股动脉上检查脉搏，也可直接触摸心脏部位，计数0.5～1分钟，算出1分钟的脉搏数。健康兔脉搏数为每分钟120～150次。热性病、传染病或疼痛时，脉搏数增加。黄疸、慢性脑水肿、濒死期可出现脉搏减慢。检查脉搏应在兔安静状态下进行。

11. 呼吸数检查

兔在笼内或地上蹲伏处于安静状态时，腹肋部每起伏1次即为呼吸1次。健康兔的呼吸次数每分钟为40～50次，老龄兔呼吸次数比壮龄兔呼吸次数稍少。夏天兔怕热，呼吸次数增加，呼吸急促。患某些中毒病、急性传染病、支气管炎、肺炎、感冒等疾病时，呼吸困难，次数增多。

影响呼吸数发生变动的因素有年龄、性别、品种、营养、运动、妊娠、胃肠充盈程度、外界气温等，在判定呼吸数是否增加和减少时，应排除上述因素的干扰。

12. 性情

一般把兔的性情分为性情温和、性情暴躁2种类型。性情与年龄、性别、个体差异等有关。判定性情主要依据兔对外界环境改变所采取的反应与平素有无差别。若原来性情温和的变为暴躁，甚至出现咬癖、吃仔等，说明有病态反应。

光线的明暗对性情也有影响，如暗环境可以抑制殴斗，并可使公兔性欲降低。

(二)系统检查

一般检查完毕，接着就是进行系统检查。在一只或一群病兔上，可能同时出现许多病症，在进行系统检查时，不要主次不辨，否则就要拖延诊断时间，同时可能抓不住疾病的本质而造成错误的诊断。应当根据一般检查的印象，找出系统检查的重点。

1. 消化系统检查

消化器官的发病率，不论在大兔或幼仔兔都是比较高的。此外，许多传染病、寄生虫病以及中毒等，也都在消化器官表现明显的变化。因此，消化系统的检查有着特别重要的意义。

(1)食欲和饮水：健康兔食欲旺盛，而且采食速度快。对于经常吃的饲料，一般先嗅闻以后，便立即放口采食，15～30分钟即可将定量饲料吃光。食欲改变主要有食欲减退、食欲废绝、食欲不定(时好时坏)、食欲异常(异嗜)。吃食减少，是病兔首先表现出来的重要症状之一，特别是胃肠道各种疾病均有食欲不振的表现；吃食不定，多为慢性消化器官疾病；一点不吃见于各种严重的疾病。从一点不吃转为开始吃一点，表示疾病有所好转；如果病兔吃食从减少转为不吃，则表示病势在加重。有时可在缺乏微量元素或维生素时发生兔食欲反常(异嗜)，舔食粪、尿、被毛或母兔吞食仔兔，发生严重腹泻而引起脱水，若见由少量缺水而至不饮水，一般预后不良，如在疾病过程中饮水逐渐恢复，则为疾病的好转现象。

兔的饮水也有一定的规律，炎热天气饮水多。据试验，温度28℃时，平均每天每千克体重需水120毫升；9℃时，每千克体重需水76毫升。饮水增加见于热性病、腹泻等，饮水减少见于腹痛、消化不良等。

(2)口腔检查：检查时用木棒或开口器把兔嘴张开，检查口腔黏膜是否正常，有无流涎现象，常于唇及口腔内发现水疱。口腔内有出血点或溃疡常见于传染性口炎。

(3)腹部检查：兔腹部检查主要靠视诊和触诊。视诊主要观察腹部形态和腹围大小，若腹部容积增大，见于怀孕、积气、积食和积液。积食多在胃内；积气是腹部上方膨大，腹壁紧张，叩诊发出鼓音；积液的特征是腹部两侧下方膨大，触诊有波动；腹部局限性隆凸，见于腹壁水肿或脓肿；若腹部容积缩小，体质衰弱，主要由于营养不良及慢性下痢等原因造成；发生腹膜炎时，触诊病兔因痛感而用力挣扎；当便秘或胃肠内有异物(毛球)时，于腹部可以摸到硬固的粪块或异物。

(4)粪便检查：检查时，注意排便次数、间隔时间、粪便形状、粪量、颜色、气味、是否混杂异物等。健康兔的粪便为球形，大小均匀，表面光滑，呈茶褐色或黄褐色，无黏液或其他杂物。病兔的粪便稀、软、不成形、大小不一，粪球一头尖、酸臭、带黏液或带血等。

2. 呼吸系统检查

呼吸器官疾病，除导致生产力降低外，还常常引起兔死亡，所以呼吸系统检查也是十分重要的。

健康兔鼻孔干燥，周围被毛洁净，呼吸有规律，用力均匀平稳。兔的呼吸次数在安静状态下为每分钟40～50次。健康兔的呼吸方式是胸腹式的，即当呼吸时，胸部和腹部都有明显的起伏动作。当腹部有病,如腹膜炎时,常会出现以胸部动作为主的胸式呼吸;当胸部有病是如胸膜炎,又常会出现腹部动作为主的腹式呼吸。当兔出现慢性鼻炎时,可引起上呼吸道狭窄而出现吸气性困难;当患肺气肿时,可见呼气性困难;当患胸膜炎时,吸气和呼气都有会发生困难,叫做混合性呼吸困难。如果胸部一侧患病,如肋骨骨折时,患侧的胸部起伏运动就会显著减弱或停止,而造成呼吸不匀称。

(1)呼吸式检查:健康兔呈胸腹式(混合式)呼吸,即呼吸时,胸壁和腹壁的运动协调,强度一致。出现胸式呼吸时,即胸壁运动比腹壁明显,表明病变在腹部,如腹膜炎。出现腹式呼吸时,即腹壁运动明显,表明病变在胸部,如胸膜炎、肋骨骨折等。

(2)呼吸困难检查:健康兔在安静状态下,呼吸运动协调、平稳具有节律性。当出现呼吸运动加强,呼吸次数改变和呼吸节律失常时,即为呼吸困难,是呼吸系统疾病的主要症状之一。临床上主要有以下 3 种表现形式:

①吸气性呼吸困难:以吸气用力、吸气时间明显延长为特征,常见于上呼吸道(鼻腔、咽、喉和气管)狭窄的疾病。

②呼气性呼吸困难:以呼气用力、呼气时间显著延长为特征,常见于慢性肺泡气肿及细支气管炎等。

③混合性呼吸困难:即吸气和呼气均发生困难,而且伴有呼吸次数增加,是临床上最常见的一种呼吸困难。这是由于肺呼吸面积减少,血中二氧化碳浓度增高和氧缺乏所引起,见于肺炎、胸腔积液、气胸等。心源性、血源性、中毒性和腹压增高等因素,也可引起混合性呼吸困难。

(3)咳嗽检查:健康兔偶尔咳一两声,借以排除呼吸道内的分泌物和异物，是一种保护性反应。如出现频繁或连续性的咳嗽，则是一种病态，病变多在上呼吸道，如喉炎、气管炎等。

(4)鼻液检查：健康兔鼻孔清洁、干燥。当发现鼻孔周围粘有泥土，说明鼻液分泌增加。应对它的表现、鼻液性状做进一步的检查。如鼻液增加，并伴有痰痒感，用两前肢搔抓鼻部或向周围物体上摩擦并打喷嚏，提示为鼻道的炎症；如鼻液中混有新鲜血液、血丝或血凝块时，多为鼻黏膜损伤；如鼻液污秽不洁，且有恶臭味，可能为坏疽性肺炎，这时可配合鼻液的弹力纤维检查。检查方法是取鼻液少许，加等量的10%氢氧化钠溶液，在酒精灯上加热煮沸，使之变成均匀一致的溶液，加5倍蒸馏水混合，离心沉淀5～10分钟，倾去上清液，取沉淀物1滴置于载玻片上，盖上盖玻片，进行显微镜检查。弹力纤维细长弯曲如毛发状，具有较强的折光力。如发现有弹力纤维，则为坏疽性肺炎。

(5)胸部检查：当兔出现呼气性困难或混合性呼吸困难，更应注意胸肺部的检查，首先应对胸廓的形状和肋骨起伏状态进行全面的观察。胸廓的畸形或肋骨的损伤等都可以破坏正常的呼吸机能，其次要对胸部异常变化进行触诊，要注意胸部的温度，有无肿胀，是否疼痛等情况。

3. 泌尿生殖系统检查

(1)尿液检查：是诊断泌尿器官的有效方法，正常尿液为淡黄色，外观稍混浊，一旦出现异常就要考虑是否泌尿系统出现疾患。如频频排少量的尿，这是膀胱及尿道黏膜受到刺激的结果，见于膀胱炎及阴道炎。在急性肾炎、下痢、热性病或饮水减少时，则排尿次数减少。有时给某些药物也能影响尿色,如口服黄连素后尿就黄色。

(2)生殖器检查:公兔检查睾丸、阴茎及包皮;母兔检查外阴部分。如果发现外生殖器的皮肤和黏膜发生水疱性炎症,结节和粉红色溃疡,则可疑为密螺旋体病;患李氏杆菌病时可见母兔流产,并从阴道内流出红褐色的分泌物,患葡萄球菌病时也可致外生殖器炎症;患巴氏杆菌病时,也会有生殖器官感染。

4. 血液循环系统的检查

血液循环系统是营养代谢器官,与生命活动关系密切。心脏的听诊可在左侧肘头上方胸壁 2～4 肋间。按心音频率、强度、性质、有无杂音来判断心脏功能和血液循环状态,可帮助疾病诊断与推测预后。脉搏的次数、节律、强弱、性质也可帮助判定疾病性质。

5. 神经系统的检查

通过观察兔神经机能状态异常变化,即判断各种疾病对神经系统有某种程度的影响,主要检查精神状态和运动机能。

(1)精神状态的检查:兔中枢神经系统机能扰乱,会使兴奋与抑制的动态平衡遭到破坏,表现兴奋不安或沉郁、昏迷。兴奋表现为狂躁、不安、惊恐、蹦跳或作圆圈运动,偏颈痉挛。如中耳炎(斜颈)、急性病毒性出血症(兔瘟)、中毒病、寄生虫病等,都可以出现神经症状。精神抑制是指兔对外界的刺激的反应性减弱或消失,按其表现程度不同分为沉郁(眼半闭,反应迟钝,见于传染病、中毒病或中瘫)、昏睡(陷入睡眠状态、躺卧)和昏迷(卧地不起,角膜与瞳孔反射消失,肢体松弛,呼吸、心跳节律不齐,见于严重中毒濒死期)等。

(2)运动机能检查:健康兔应经常保持运动的协调性。一旦中枢神经受损,即可出现共济失调(见于小脑疾病),运动麻痹(见于脊髓损伤造成的截瘫或偏瘫)、痉挛(肌肉不能随意收缩,见于中毒)。痉挛涉及广大肌肉群时叫抽搐,全身阵发性痉挛伴有意识消失称为癫痫。

三、检查后的处理

根据检查结果,把病兔、可疑病兔等组成单独的兔群,区别对待,以便把传染病控制在最小范围内,扑灭在最初阶段。

1. 病兔

在彻底消毒的情况下,把有明显临床症状的病兔单独或集中隔离观察,由专人饲养并进行有效治疗,管理人员要严加护理和观察。隔离场地门口要设立消毒池,若观察仅有少数病兔,可捕杀。

2. 可疑病兔

症状不明显,但与病兔有接触或者是环境受污染,也可能有潜伏期,怕有排毒(菌)的可能,应在另地观察,限制其活动,尽量想办法进行预防治疗。观察 1～2 周后,未见发病,可取消限制。

3. 假定健康兔

包括一切正常的兔,因其附近有病兔出现,仍应认真做好消毒工作。

对病情不清、诊断不明的病兔,必须及时送往条件较好的兽医站、化验室进行诊断,尽快验明原因,采取相应措施。

四、病理解剖诊断

许多疾病仅靠外部的表现很难做出确切的诊断，必须对尸体进行解剖。根据剖检特点，结合临床症状，对疾病做出正确诊断。

(一)病理诊断流程

1. 剖检前的准备

进行尸体剖检，尤其是剖检传染病尸体时，剖检者既要注意防止病原的扩散，又要预防自身的感染。

(1)剖检场所的选择：为了便于消毒和防止病原的扩散，一般以在室内进行剖检为好，如条件不许可，也可在室外进行。在室外剖检时，要选择离兔舍较远，地势较高而又干燥的偏僻地点。并挖深达1.5米左右的土坑，待剖检完毕将尸体和被污染的垫物及场地的表面土层等一起投入坑内，再撒些生石灰或喷洒消毒液，然后用土掩埋，坑旁的地面也应注意消毒。也可进行焚烧处理。

(2)剖检人员的防护：可根据条件穿着工作服，戴橡皮手套、穿胶靴等。条件不具备时，可在手臂上涂上凡士林或其他油类，以防感染。

剖检传染病的尸体后，应将器械、衣物等用消毒液充分消毒，再用清水洗净，胶皮手套消毒后，要用清水冲洗、擦干、撒上滑石粉。金属器械消毒后要擦干，以免生锈。

(3)剖检器械和药品的准备

①剖检器械：解剖刀、镊子、剪刀、骨钳等。

②消毒液：剖检时常用的消毒液有0.1%新洁尔灭溶液或3%来苏儿溶液。常用的固定液(固定病变组织用)是10%甲

醛溶液或95%的酒精。此外，为了预防人员的受伤感染，还应准备3%碘酊、2%硼酸水、70%酒精和棉花、纱布等。

(4)剖检记录：尸体剖检的记录，是死亡报告的主要依据，也是进行综合分析研究的原始材料。记录的内容力求完整详细，要能如实的反映尸体的各种病理变化，因此，记录最好在检查病变过程中进行，不具备条件时，可在剖检结束后及时补记。对病变的形态、位置、性质变化等，要客观地用描述的语言加以说明，切不要用诊断术语或名词来代替。

在进行尸体剖检时应特别注意尸体的消毒和无菌操作，以便对特殊的病例可以采取病料送实验室诊断。

2. 外部检查

在剥皮之前检查尸体的外表状态。检查内容包括品种、性别、年龄、毛色、特征、体态、营养状况以及被毛、皮肤、天然孔、可视黏膜等参照上面检查方法)，注意有无异常，同时注意尸体变化(尸冷、尸僵、有无腐败等)，以判定死亡的时间、体位。若体表脱毛、结痂提示疥螨病、皮肤毛癣菌；体毛污染提示由球虫病、大肠杆菌病、魏氏梭菌病等引起的拉稀。

3. 剖检方法

剖检时，将兔尸仰卧，腹部向上，置于搪瓷盘内或解剖台上，四脚分开固定，腹部用消毒药消毒。沿腹中线上起下颌部下至耻骨缝处切开皮肤，再沿中线切口向每条腿切开，然后分离皮肤。检查皮下有无出血，水肿及病变。沿腹白线切开腹壁，用镊子挑起腹肌防止刺破肠管。检查腹水的颜色、多少和清浊度。打开腹腔后，依次检查腹膜、肝、胆囊、胃、脾脏、肠道、胰、肠系膜、淋巴结、肾脏、膀胱和生殖器官。用骨剪剪断两侧肋骨、胸骨。拿掉前胸廓，使胸腔暴露后，依次检查心、肺、胸膜、上呼吸道及肋骨。必要时，打开口腔、鼻腔及脑作检查。

4. 检查内容及提示相应疾病

(1)皮下检查：主要检查皮下有无出血、水肿、炎性渗出、化脓、坏死、色泽等。

①皮下出血提示兔病毒性出血症；皮下组织出血性浆液性浸润提示兔链球菌病；皮下水肿，可提示黏液瘤病；颈前淋巴结肿大或水肿提示李氏杆菌病。

②皮下化脓病灶提示葡萄球菌病、兔痘、多杀性巴氏杆菌病；乳房和腹部皮下结缔组织化脓，脓汁乳白色或淡黄色油状，则提示化脓性乳房炎。

③皮下脂肪、肌肉及黏膜黄染提示肝片吸虫病。

(2)上呼吸道检查主要查鼻腔、喉头黏膜及气管环间是否有炎性分泌物、充血和出血。

①鼻腔内有白色黏稠的分泌物提示巴氏杆菌病、波氏杆菌病等；鼻腔出血提示中毒、中暑、兔病毒性出血症等。

②鼻腔流浆液性或脓性分泌物则提示巴氏杆菌病、波氏杆菌病、李氏杆菌病、兔痘、绿脓杆菌病等。

③喉头、气管黏膜出血，呈现出血环，腔内积有血样泡沫提示兔病毒性出血症。

④喉炎、支气管炎、斑疹则提示兔痘。

(3)胸腔脏器检查：主要查胸腔积液、色泽、胸膜，肺、心包、心肌是否充血、出血、变性、坏死灶等。

①胸膜与肺、心包粘连、化脓或纤维性渗出提示巴氏杆菌病、葡萄球菌病、波氏杆菌病。

②肺呈暗红或紫色，肿大，粟粒大小出血点，质柔韧，切面暗红色提示兔病毒性出血症。

③肺炎则提示巴氏杆菌病、葡萄球菌病、波氏杆菌病。纤维性化脓性肺炎提示巴氏杆菌、葡萄球菌病。肺表面光滑、水肿，有暗红色实变区，切开有液体流出，有大小不等脓灶。乳白色黏稠脓汁，则提示波氏杆菌病。

④肺充血肿大，片状实变区提示野兔热；肺淡褐色至灰色坚实结节，具干酪样中心和纤维组织包囊提示兔结核病。

⑤胸腔内充满脓胞，提示兔巴氏杆菌、波氏杆菌、葡萄球菌病等。浆液或纤维素性渗出提示沙门氏菌病。胸腔内积有血样液体提示绿脓杆菌病。

⑥心包积液、心肌出血提示巴氏杆菌病。心包液呈血样液体提示兔绿脓杆菌病、魏氏梭菌病等；心包液呈棕褐色，心外膜有纤维索渗出提示葡萄球菌病、巴氏杆菌病。

⑦心脏血管怒张，呈树枝状提示魏氏梭菌病；心肌暗红，外膜有出血点，心脏扩张，内充满多量血块，心室菲薄。质软提示兔病毒性出血症；心肌有小坏死灶提示大肠杆菌病，心包炎提示坏死杆菌病；心肌有白色条纹，提示泰泽氏病；心包淡褐色至灰色，坚实结节，具干酪样中心和纤维组织包裹，提示结核病。

(4)腹腔脏器检查：主要检查腹水、纤维素性渗出、寄生虫结节，脏器色泽、质地和是否肿胀、充血、出血、化脓灶、坏死、粘连等。

①腹腔：腹水透明、增多提示肝球虫病；积有血样液体提示兔绿脓杆菌病；腹腔有纤维索或浆液性渗出提示兔葡萄球虫病、巴氏杆菌病、沙门氏杆菌病。葡萄状透明囊附着于脏器

或游离于腹腔的为豆状囊尾蚴病。

②肝脏：表面有灰白色淡黄色结节，当结节为针尖大小时提示沙门氏菌病、巴氏杆菌病、野兔热等；当结节为绿豆大时则提示肝球虫病。肝肿大，硬化，胆管扩张提示肝球虫病、肝片吸虫病；肝质脆，实质是淡黄色，细胞间质增宽提示病毒性出血症。肝实质内有蛋黄色条纹状可能患豆状囊尾蚴或肝毛细线虫病。切开肝组织可见白色虫体则为肝毛细线虫病。

③胆囊：上有小结节提示兔痘；若扩张、黏膜水肿提示大肠杆菌病。

④脾：兔脾脏呈暗红色，长镰刀状，位于胃大弯处，有系膜相连，使其紧贴胃壁，是兔体内最大的淋巴器官。同时，脾脏也是个造血器官。脾与胃相接面为脏侧面，上有神经、血管及淋巴管的经路，称为脾门。脾脏相当于血液循环中的一个滤器，没有输入的淋巴管。当感染病毒性出血症（兔瘟）时脾呈紫色，肿大。若感染伪结核病，常可见脾脏肿大5倍以上，呈紫红色，有芝麻绿豆大的灰白色结节。

⑤肾：兔的肾脏是卵圆形，右肾在前，左肾在后，位于腹腔顶部及腰椎横突直下方。在正常情况下由脂肪包裹，呈深褐色，表面光滑。有病变的肾脏可见表面粗糙，肿大，颜色有白、红点状出血或弥漫性出血等。

⑥胃：兔是单胃，前接食道，后连十二指肠，横于腹腔前方，位于肝脏下方，为一蚕豆形的囊。与食道相连处为贲门，入十二指肠处为幽门。凸出部为胃大弯，凹入部为胃小弯，外有大网膜。胃黏膜分泌物为胃液。兔胃液的酸度较高，消化力很强，主要成分为盐酸和胃蛋白酶。健康兔的胃经常充满食物，偶尔也可见到粪球或毛球。粪球是由于兔吃进自己的

粪便所致,毛球是由于吃进自身或其他兔子的兔毛所致。前者是一种正常现象,后者是一种病理现象。如胃浆膜、黏膜呈充血、出血、可能是巴氏杆菌病。如胃内有多量食物、黏膜、浆膜多处有出血和溃疡斑,又常因胃内容物太充满而造成胃破裂为魏氏梭菌下痢病。

⑦肠道:与其他动物相同,分小肠和大肠两部分。兔的小肠由十二指肠、空肠、回肠组成。十二指肠为"U"字形弯曲,较长,肠壁较厚,有总胆管和胰腺管的开口。空肠和回肠由肠系膜悬吊于腹腔的左上部,肠壁较薄,入盲肠处的肠壁膨大成一厚圆囊,外观为灰白色,约有拇指大,为兔特有的淋巴组织,称圆小囊。大肠由盲肠、结肠和直肠组成。兔的盲肠特别发达,为卷曲的锥形体。盲肠基部粗大,向尖端方向缓缓变细,内壁有螺旋形的皱褶瓣,是兔盲肠所特有的。盲肠的末端形成一细长腔,壁肥厚,色灰白,称为蚓突。蚓突壁内有丰富的淋巴滤泡。结肠有两条相对应的纵横肌带和两列肠袋。其肠内容物在结肠内通过缓慢,可以充分消化。梭状部把结肠分为近盲肠与远盲肠。结肠的这种结构可能与兔排泄软硬两种不同的粪便有关。结肠与盲肠盘曲于腹腔的右下部,于盆腔处移行为较短的直肠,最后开口即为肛门。

兔发生腹泻病时,肠道有明显的变化,如发生魏氏梭菌下痢病时,盲肠肿大,肠壁松弛,浆膜多处有鲜红出血斑,黏膜有出血点或条状出血斑,大多数病例内容物呈黑色或褐色水样粪便,并常有气体。若患大肠杆菌下痢病时,小肠肿大,充满半透明胶样液体,并伴有气泡,盲肠内粪便呈糊状,也有的兔肠道内粪便像大白鼠粪便,外面包有白色黏液。盲肠的浆膜和黏膜充血,严重者会出血。

⑧膀胱：是暂时贮存尿液的器官，无尿时为肉质袋状，在盆腔内；当充盈尿液时可突出于腹腔。兔每日尿量随饲料种类和饮水量不同而有变化。幼兔尿液较清，随生长和采食青饲料和谷粒饲料后则变为棕黄色或乳浊状。并有以磷酸铵镁和碳酸钙为主的沉淀。兔患病时常见有膀胱积尿，如球虫病，魏氏梭菌病等。

⑨卵巢：母兔的卵巢位于肾脏后方，小如米粒，常有小的泡状结构，内含发育的卵子。子宫一般与体壁颜色相似。若子宫扩大且含有白色黏液则表明可能感染了沙门氏杆菌病或巴氏杆菌病或李氏杆菌病等。公兔生殖器也应注意检查。

(5)脑：脑膜、脊髓膜出腔室脉络丛血管明显扩张充血提示兔病毒性出血症。

(6)脓汁：若脓汁呈现乳白色提示兔巴氏杆菌病、波氏杆菌病、葡萄球菌病、沙门氏菌病：若脓汁有恶臭气提示坏死杆菌病；脓汁呈绿色且有特殊气味提示绿脓杆菌病。

(二)病料采集、保存

1. 病料采取

有条件作实验室检查的可自己进行检查，若无可送到当地的动物检疫部门进行检疫(如畜牧部门、防疫部门等)。

(1)怀疑某种传染病时，则采取该病常侵害的部位。

(2)提不出怀疑对象时，则可将整兔送检。

(3)败血性传染病，如兔巴氏杆菌病、兔瘟等，可以采取心、肝、脾、肾、肺、淋巴结及胃肠等组织。

(4)专嗜性传染病或侵害某种器官为主的传染病，则采取该病侵害的主要器官组织，如兔结核病采取病变结节，兔魏氏梭菌性肠炎采取肠管及肠内容物，有神经症状的传染病采取脑、脊髓等。

(5)检查血清抗体时,则采取血液,待凝固析出血清后,分离血清,装入灭菌的小瓶送检。

2. 病料保存

采取病料后要及时进行检验,如不能及时进行检验,或须要送往外地检验时,应尽量使病料保持新鲜,以便获得正确结果。

(1)细菌检验材料的保存:将采取的组织块,保存于饱和盐水(蒸馏水 100 毫升,加入氯化钠 39 克,充分搅拌溶解后,用 3～4 层纱布过滤,滤液装瓶高压灭菌后备用)或 30%甘油缓冲液(化学纯甘油 30 毫升,氯化钠 0.5 克,碱性磷酸钠 1 克,蒸馏水加至 100 毫升,混合后高压灭菌备用)中,容器加塞封固。

(2)病毒检验材料的保存:将采取的组织块保存于 50%甘油生理盐水(中性甘油 500 毫升,氯化钠 8.5 克,蒸馏水 500 毫升,混合后分装,高压灭菌后备用)或鸡蛋生理盐水(先将新鲜鸡蛋表面用碘酒消毒,然后打开,将内容物倾入灭菌的容器内,按全蛋 9 份加入灭菌生理盐水 1 份,摇匀后用纱布滤过,然后加热至 56℃,持续 30 分钟,第二天和第三天各按上法加热 1 次,冷却后即可使用)中,容器加塞封固。

(3)病理组织学检验材料的保存:将采取的组织块放入 10%的福尔马林溶液或 95%的酒精中固定,固定液的用量应是标本体积的 10 倍以上。如加 10%福尔马林固定,应在 24 小时后换新鲜溶液 1 次。严冬季节可将组织块(已固定的)存在甘油和 10%福尔马林等量混合液中,以防组织块冻结。

3. 病料送检

(1)装病料的容器上要写明编号,附上病料详细记录和送检单。

(2)送检病料应按要求包装,如微生物检验材料怕热,应用水瓶冷藏包装。病理材料怕冻应放入保存液包装后送检等。

(3)病料经包装装箱后,要尽快派专人送到检验单位。

(4)注意事项

①采取病料要及时,一般应在死后立即进行,最迟不超过3个小时。如时间过长,特别是夏天,组织变性和腐败,不仅影响病原体的检出,也影响病理组织学检验的正确性。

②应选择症状和病变典型的病例,最好能同时选择几种不同病程的病料。

③采取病料的兔应是未经抗菌药或杀虫药物治疗的,否则会影响微生物和寄生虫的检出结果。

④剖检取病料之前,应先对病情、病史加以了解和记录,并详细进行剖检前的检查。

⑤采取病料应无菌操作。为减少污染,一般先采取微生物学检验材料,然后结合病理剖检采取病理检验材料。

⑥病料应放入装有冰块的保温瓶内送检。如无冰块,可在保温瓶内放入氯化铵450～500克,加水1500毫升,上层放病料,能使保温瓶内保持0℃达24小时。

第三节　兔的给药方法

1. 内服

该方法操作简便，适用于多种药物，可拌料自食，投服、灌服等。

(1)拌料自食：在药量较少，无特殊气味，毒性较小，病兔尚有食欲的情况下，可将药物拌入少量饲料，让兔自由采食，常用于群养兔的预防或治疗给药。对毒性较大的药物，由于个体差异，服药量难以控制，应先做小量试验，以保证安全。

(2)饮水给药：常用于短期投药。方法是将药物按剂量溶解于水中，任兔自由饮用。有些腐蚀性药品对金属饮水器有腐蚀作用，最好使用陶瓷或搪瓷器具。对有特殊气味、颜色和挥发性的药物，不可采用此法。

(3)投服：适用于药量少、有异味的药物，或拒食的病兔。由助手保定，操作者固定兔头并握着面颊使口张开，用筷子或镊子夹取药片送入口中，令其吞下。

(4)灌服：适用于有异味药物或拒食的兔。助手将兔保定好，操作者用汤勺或注射器、滴管将药液从口角缓缓灌入。注意千万不要误入气管。亦可用胃管插入食道直接送入胃中，切忌投入肺中。

2. 注射给药

该方法药量准确，兔吸收快。有皮下注射、肌内注射、静脉注射和腹腔注射等。

(1)皮下注射：通常在耳根后部、腹中线两侧或腹股沟附近为注射部位，剪毛消毒后，用左手拇指和食指轻轻提起皮肤，使呈三角形，右手将针头刺入提起的皮下约 1.5 厘米，放松左手，慢慢注入药物。刺针时，针头不宜垂直刺入，以防进入腹腔或肌肉。

(2)肌内注射：选择颈侧或大腿外侧肌肉丰满、无大血管和神经处，局部剪毛消毒后，左手按紧皮肤，右手持注射器，中指按住针头垂直刺入肌肉层，轻轻回抽注射栓，如无回血即将药液慢慢注入，针头拔出后，消毒注射部位。如 1 次注射量超过 10 毫升时，应行分点注射。

(3)静脉注射：选择两耳外缘的耳静脉为注射部位，固定兔体，剪毛消毒后，用手指掐住兔耳或弹击耳壳边缘数次，使血管怒张，右手持注射器，将针头平行刺入耳静脉，轻轻回抽注射栓，如有回血即可慢慢注入药液。注射时应注意药液不能含有气泡或颗粒，发现皮下隆起小包或感阻力时应拔针重注。

(4)腹腔内注射：此方法可用于补充体液。注射部位任选腹部脐后，用碘酊或酒精棉球消毒。使兔后躯抬高或倒提后肢，然后向腹内进针，回抽无血液、无气体后即可注药。注意进针不能太深，以防损伤内脏。药量多时应加温，使其温度与体温相同。

(5)气管内注射：颈部上 1/3 正中线处摸到气管，消毒后将针头垂直刺入，回抽有气体后缓缓滴注药液。此方法用于治疗气管、肺等的疾病。

3. 直肠灌药

当发生便秘、毛球病时，可将兔侧卧保定，将后躯抬高，用涂有润滑油的胶管或塑料管，插入肛门，进直肠 8～10 厘米，将药液灌入，然后让其自然排出。药液的温度应接近体温。

4. 外用法

外用法主要用于体表消毒和杀灭外寄生虫，常用洗涤和涂擦两种方式。

(1)洗涤：将药物配成适当浓度的溶液，清洗局部皮肤或鼻、眼、口腔黏膜及创伤等部位。

(2)涂擦：将药物制成软膏或适宜剂型，涂擦于皮肤或黏膜、创伤表面。

第四节　肉用兔常见疾病的防治

1. 兔瘟

兔瘟又名兔出血症，是由兔出血症病毒引起兔的一种急性、热性、败血性、高度接触性、毁灭性的传染病，传播迅速，流行广泛，3个月以上兔多发，具有高度的发病率和死亡率，是对养兔业危害极大的传染病之一，要高度重视。

【发病特点】本病一年四季均可发生，北方以冬春多发。据资料统计，3月和10月是流行高峰期。一般以3个月以上的青年兔、成年兔、哺乳母兔呈急性暴发性流行，具有明显的流行期和高峰期，约持续10天，待兔群中大批易感兔发病或死亡，疫情停息，新流行区较明显。

主要传染源是病兔和带毒兔，通过呼吸道、消化道、皮肤和黏膜伤口直接接触传播，其次通过病兔、带毒兔的分泌物、排泄物，死兔内脏器官、血液、毛、皮、污染饲料、水、用具、兔舍、空气、野鼠、狗猫等间接传播。

【临床症状】症状分最急性型、急性型、慢性型。

(1)最急性型:无任何明显症状即突然死亡。死前多有短暂兴奋,如尖叫、挣扎、抽搐、狂奔等,有些患兔死前鼻孔流出泡沫状的血液,这种类型病例常发生在流行初期。

(2)急性型:精神不振,被毛粗乱,迅速消瘦。体温升高至41℃以上,食欲减退或废绝,饮欲增加。死前突然兴奋,尖叫几声便倒地死亡。多数病例鼻部皮肤碰伤,少数病兔鼻孔流出泡沫状血液,肛门松弛,且肛门周围被毛有少量淡黄色黏液污染,粪球外附有淡黄色胶样物等。

(3)慢性型:多见于流行后期或断奶后的幼肉用兔。体温升高,精神不振,不爱吃食,爱喝凉水,消瘦。病程 2 天以上,多数可恢复,但仍为带毒者而感染其他肉用兔。

【病理变化】最急性、急性型患兔从全身实质器官淤血,水肿、出血为主要特征。患病兔的喉头和气管黏膜严重淤血,尤其是气管环最为显著,在气管和支气管腔内有泡沫状血液,肺严重出血切开,肺组织流出多量红色泡沫状液体。胆囊肿大,充满稀薄的胆汁。胃脏淤血,呈暗红色,皮质有散在性针头大小暗红色的出血点,病程较长的胃呈灰黄色或灰白色坏死。最急性型病例,胃内充满食糜,胃黏膜脱落。急性型病例胃内容少,胃黏膜脱落。蚓突的浆膜下和肌层有 3 个温性或散在性针头和粟粒大的出血点,直肠黏膜充血,子宫、睾丸淤血。

【诊断】根据流行特点和病理变化一般可做出初步诊断,确诊需进行实验室检查。

【治疗方法】目前对本病无特效疗法,当流行暴发兔瘟时,将病兔隔离饲养,进行临床诊断和病原学的检查,如对尸兔解剖、镜检、染色、小动物接种来排除巴氏杆菌病，对所有兔全群打一次兔瘟高免血清或兔瘟组织灭活苗，在饲料内拌入病毒唑和磺胺类药物，防止继发感染。

当病情控制后，必须彻底消毒兔舍、用具、饲盆、饮水器具。用2%烧碱、百毒杀、78消毒精均可消毒。对死兔一律深埋或无害化处理，对污染的粪、尿、排泄物、垫草要深埋，再彻底消毒1次。10～15天后再注射1次兔瘟组织灭活苗。

【预防措施】

(1)定期对兔舍、产仔箱、笼架、场地消毒。禁止外来人员参观，对新购入种兔要隔离观察，注射兔瘟疫苗7天后才能合群饲养，兔场门口要设消毒池和消毒垫。

(2)每年定期自繁自养的兔，要分别饲养，按期注射疫苗，进行预防。对成兔一年注射2～3次兔瘟、巴氏杆菌二联苗。未免疫兔群初生30～45天第1次免疫，60天再免疫1次，然后每年注射2～3次(有条件的养兔场20～30天首免，在45天强免1次兔瘟疫苗)。根据兔场条件用兔瘟、巴氏杆菌、魏氏梭菌三联苗注射较理想。

2. 巴氏杆菌病

兔巴氏杆菌病是由多杀性巴氏杆菌引起的一种急性传染病，又称兔出血性败血症。兔对该病原非常易感，由于感染部位的不同，表现为传染性鼻炎、地方流行性肺炎、中耳炎、结膜炎、子宫脓肿、睾丸炎、脓肿病灶及全身败血症等形式。常引起大批发病和死亡，是兔的主要细菌性疾病之一。

【发病特点】多杀性巴氏杆菌广泛分布于世界各地，对多种动物和人均有致病性。35%～75%的兔鼻黏膜及扁桃体带有本菌，但不表现症状。引进带菌兔是发生和流行本病的重要原因，特别是当饲养管理和卫生条件差、兔舍过分拥挤、长途运输及其他疾病等应激因素的作用，使机体抵抗力降低时，存在于兔体内的病原菌大量繁殖，毒力增强而引起本病在兔群中暴发传播。病兔和带菌兔是此病流行的主要传染源，病原菌随病兔的唾液、鼻涕、粪便以及尿液等排出，污染饲料、饮水、用具和环境，经呼吸道、消化道、皮肤或黏膜伤口感染。

本病的发生无明显季节性，但以冷、热季节发病较多，呈散发或地方流行性，一般发病率在20%～70%。如不及时采取有效措施，可造成全群覆灭。

【临床症状】潜伏期一般为1～6天，通常根据感染部位的不同分为以下几种病型。

(1)传染性鼻炎型：为养兔场常见的一种病型，以浆液性、黏液性或黏液脓性鼻液为特征。发病初期主要表现为上呼吸道卡他性炎症，流浆液性鼻液，而后转为黏液性以及脓性鼻液。病兔经常打喷嚏、咳嗽。由于分泌物刺激鼻黏膜，常用前爪擦鼻部，使局部被毛潮湿、缠结、甚至脱落；上唇和鼻孔皮肤黏膜红肿、发炎，鼻液变得更多、更稠，在鼻孔周围结痂，堵塞鼻孔，致使病兔呼吸困难。同时，细菌通过喷嚏、咳嗽污染环境，感染其他易感兔。另外，由于病兔经常抓擦鼻部可将病菌带入眼内、耳内或皮下，从而引起化脓性结膜炎、角膜炎、中耳炎、皮下脓肿、乳腺炎等并发症。

(2)地方流行性肺炎型：病兔开始表现食欲不振和精神沉郁，肺实质虽发生突变，但往往没有呼吸困难的表现，很少能见到明显的肺炎症状，常以败血症而迅速死亡。

(3)中耳炎型：又称斜颈病，单纯的中耳炎可以不出现临床症状。在发现的病例中，斜颈是主要的临诊表现。斜颈是细菌感染扩散到内耳或脑部的结果，而不是单纯中耳炎的症状。严重时病兔吃食、饮水困难。体重减轻，可能出现脱水现象。如感染扩散到鼓膜、脑膜和脑，则可能出现运动失调和其他神经症状。

(4)结膜炎型：幼兔主要表现眼睑中度肿胀，结膜发红，在眼睑处经常有浆液性、黏液性或黏液脓性分泌物存在。炎症转为慢性时，红肿消退，而流泪经久不止。

(5)脓肿型：可发生于皮下和任何内脏器官。体表热、肿、痛、有波动感，易于查出。而内脏器官，如肺脏、肝脏、心脏等发生的脓肿往往不表现临床症状。一旦脓肿发生转移，也可以引起败血症及死亡。

(6)生殖系统感染型：多见于成年兔。母兔感染后通常没有明显的临床症状。但有时表现为不孕，并伴有黏液脓性分泌物从阴道流出，如转为败血症，则往往造成死亡。公兔感染后，表现一侧或两侧的睾丸肿大。

(7)败血症型：死亡迅速，通常不见临诊症状。如与其他病型(常见的为鼻炎和肺炎)联合发生，则可看到病兔体温升高到40℃以上及相应的临诊症状。

【病理变化】各种病型变化不一致，但往往有2种或2种以上联合发生。

(1)鼻炎型：视病程长短而定。当疾病从急性向慢性转化时，鼻漏从浆液性向黏液性、黏液脓性转化，鼻孔周围皮肤发炎，鼻窦和副鼻窦内有分泌物，鼻窦内层黏膜红肿。在转为慢性的阶段，仅见黏膜呈轻度到中度的水肿增厚。

(2)地方流行性肺炎型：通常呈急性纤维素性肺炎变化，以肺脏的前下方最为常见。开始时呈急性炎症反应，表现为实变，肺实质内可能有出血，胸膜面可能有纤维素覆盖，消散时，肺膨胀不全变得明显起来。如果肺炎严重，则可能有脓肿存在，脓肿为纤维组织所包围，形成脓腔或整个肺炎叶发生空洞，是慢性病程最后阶段常发生的现象。

(3)中耳炎型：主要是一侧或两侧鼓室有奶油状的白色渗出物。疾病的早期鼓膜和鼓室内壁变红，鼓室内壁上皮可能含有很多坏死细胞，黏膜下层有淋巴细胞和浆细胞浸润。有时鼓膜破裂，脓性渗出物流入外耳边，中耳或内耳感染如扩散到脑，可出现脓性脑膜脑炎的病变。

(4)生殖系统感染型：母兔子宫炎和子宫积脓，公兔的睾丸和副睾丸肿大，质地坚硬，有的伴有脓肿。

(5)脓肿型：全身各部皮下、内脏器官有脓肿。

(6)结膜炎型：多为两侧性，眼睑中度肿胀，结膜发红，分泌物常将上下眼睑粘住。

(7)败血型：因死亡十分迅速，大体或显微变化很少见到。胸腔和腹腔器官有充血、出血，浆膜下和皮下有出血。如与其他病型合并发生，可出现其他病型的病变。

【诊断】根据流行特点、症状和病理变化，可做出初步诊断，确诊必须进行细菌学检查。

【治疗方法】

(1)链霉素每兔 5 万～10 万单位、青霉素 2 万～5 万单位，混合，肌内注射，每日 2 次，连用 3 天。

(2)庆大霉素每兔 4 万单位，肌内注射，每日 2 次，连用 3 天。

(3)磺胺二甲基嘧啶内服量每千克体重 0.1 克，每日 1 次；肌内注射量每千克体重 0.07 克，每日 2 次，连用 4 天。

【防治措施】

(1)兔群应自繁自养。必须引进时,应先检疫并观察1个月,健康者方可进场。

(2)加强饲养管理与卫生防疫工作,严禁畜、禽和野生动物进场。

(3)有本病的兔场可用兔巴氏杆菌苗或禽巴氏杆菌苗作预防注射。

(4)一旦发现本病,立即采取隔离、治疗、淘汰和消毒措施。

3. 沙门氏杆菌病

本病是由鼠伤寒沙门氏杆菌引起,故又名兔沙门氏杆菌病。本病以败血症、腹泻和怀孕后期(25天后)母兔流产和死胎为特征。流产母兔死亡较多,未死亡的母兔康复后配种不易着床受胎。

【发病特点】本病一年四季均可发生,主要发生于25日龄以后的母兔,发病率高达57%,流产率为70%,致死率为49%。病兔和带菌兔是主要的传染源,主要传播途径是消化道,幼兔也可经子宫内及脐带感染。健康兔吃了被污染的饲料、饮水而发病。健康兔肠道内在正常情况下也寄生有沙门氏杆菌,在管理条件不善,气候变化,卫生条件差,兔机体抵抗力下降时,病原体可大量繁殖,也会引发本病。此外,鼠类、鸟类及苍蝇也能传播本病。

【临床症状】少数兔发病呈最急性型,不出现症状而突然死亡。临床上常见的是急性型和慢性型。病兔精神沉郁,食欲废绝,体温升高,呼吸困难,腹泻,排出有泡沫的黏液性粪便。母兔从阴道内排出脓性或黏性液体,阴道黏膜潮红水肿。

孕兔发生流产后多数死亡,少数康复兔,则不易再受孕。

【病理变化】突然死亡的病兔呈败血症病变,多数病兔内脏器官充血和有出血斑,胸、腹腔有大量积液和纤维素性渗出物。病程较长的,可见气管黏膜充血和出血、有红色泡沫,肺水肿、实变,肝脏表面有针尖大小的坏死灶。脾充血肿大,肾肿大。肠黏膜充血、出血,有弥漫性灰白色粟粒大的结节,肠系膜淋巴结充血水肿,怀孕母兔或流产母兔出现化脓性子宫炎及溃疡症状。

【诊断】根据发病原因、临床症状作出初步诊断,再进行病理变化、实验室诊断确诊。

【治疗方法】治疗时,应将病兔隔离,病兔、健兔均应投喂药物,同时保证足疗程和足剂量给药。

(1)琥珀酰磺胺噻唑,每次每千克体重 0.1～0.3 克,每日分 2～3 次内服。

(2)大蒜洗净捣烂,加适量凉开水灌服,每日 3 次,连用 5 天。

(3)强力痢舒清注射液,按每千克体重肌注 0.5 毫升,每日 2 次,连用 2～3 天。

(4)炎炎通泰饮水剂,按每千克饮水用药 2～4 克,或每千克饲料用药 4～8 克,混匀后自由饮水或采食,连用 3～5 天。

(5)环丙沙星可溶性粉,按每千克水用药 0.75～1.25 克,或每千克饲料用药 1.5～3 克,混合均匀后分别自由饮水或采食,连喂 3～5 天。

(6)黄连 90 克,黄芪 60 克,黄柏 60 克,马齿苋 90 克,加水 3000 毫升用文火煎至 1500 毫升,供兔自由饮用。或取药液按每千克体重给病兔灌服 3～5 毫升,每日 2 次,连喂 3 天。

【防治措施】

(1)兔场应与其他畜场分隔开。兔场要做好灭蝇、灭鼠工作,经常用2%火碱或3%来苏儿消毒。发病兔、病死兔应及时治疗、淘汰或销毁。

(2)搞好饲养管理和环境卫生,消除各种应激因素,可减少本病的发生。

(3)兔场要进行定期检疫,淘汰感染兔。引进的种兔要进行隔离观察,淘汰感染兔、带菌兔,建立健康的兔群。

(4)对怀孕初期的母兔可注射鼠伤寒沙门氏菌灭活苗,每次颈部皮下或肌内注射1毫升,每年注射2次。

4. 大肠杆菌病

兔大肠杆菌病又名黏液性肠炎,是由大肠埃希氏杆菌及其毒素引起的一种暴发性、死亡率很高的兔肠道性传染病,以仔兔、青年兔腹泻、脱水,成年兔便秘为主要特征,还可引起败血症及胸腔化脓、出血性肺炎、结膜炎等。

【发病特点】本病多引起断奶后仔兔、青年兔腹泻,成年兔便秘。各种成年兔均可发生急性败血症,有时会发生肺炎、胸腔积液、结膜炎等。

病兔和带菌者是本病的主要传染源,通过粪便排出病菌,散布于外界,污染水源、饲料等,多经消化道而感染。另外,仔兔饥饿或过饱,饲料不良,配比不当或突然改变,气候剧变,易于诱发本病。大型养兔场密度过大,通风换气不良,用具及环境消毒不彻底,是加速本病流行不容忽视的因素。

本病一年四季均可发生,尤以春、冬季较多发。

【临床症状】潜伏期4～6天,最急性者可突然死亡而不显任何症状。初生仔兔常呈急性过程,腹泻不明显或排黄白色水样粪便，腹部膨胀，1～2 天死亡。多数病兔初期腹部膨胀，粪便细小、成串，外包有透明胶冻状黏液，随后出现水样腹泻，食欲减退，尾及肛周有粪便污染，精神差，病兔四肢发冷，磨牙，流涎，眼眶下陷，迅速消瘦。便秘病兔精神沉郁，被毛粗乱，废食，兔粪细小，常卧于兔笼一角，逐渐消瘦死亡。

当发生结膜炎时，初期病兔患眼流泪，眼睑肿胀，结膜红肿，毛细血管充血，继而患眼出现浆液性、脓性分泌物，分泌物流经处可发现被毛脱落，皮肤破溃，表皮发红。有的兔在脸部出现脓疱，后期失明，精神沉郁，少食，最后死亡。

【病理变化】

(1)腹泻病兔剖检：胃膨大，内充满多量液体和气体，胃黏液有针尖大出血点；十二指肠充满气体和染有胆汁的黏液；空肠、回肠肠壁薄而透明，内有半透明胶冻样液体，并混有气泡；结肠扩张，内有透明样黏液；结肠和盲肠黏膜充血，有时浆膜上有出血斑点，有的盲肠壁半透明，内充满大量气体；胆囊扩张，黏膜水肿；膀胱常胀大，内充满尿液。

(2)便秘病死兔剖检：可见盲肠、结肠内容物较硬且成形，上有胶冻样物质，肠壁有时有出血斑点，肠系膜淋巴结肿大，肝脏、心脏有小点坏死病灶。败血型可见肺部充血、淤血，局部肺实质变，有的病兔胸腔内有大量灰白色液体，肺与胸膜相粘连。

【诊断】根据流行病学、临床症状、病理变化可作出初步诊断，确诊常进行细菌学检查。

【治疗方法】腹泻及败血症等病兔，最好在药敏实验的基础上选用下列药物进行治疗：

(1)链霉素肌内注射，每次每千克体重 20 毫克，每日2 次，连用 4～5 天。

(2)螺旋霉素，每次每天每千克体重 20 毫克，肌内注射。

(3)黏菌素，每天每千克体重 0.5～1 毫克，肌内注射。

(4)庆大霉素，每次每千克体重 1～1.5 毫克，肌内注射，每日 3 次。

(5)硫酸卡那霉素，每次每千克体重 5 毫克，肌内注射，每日 3 次。

(6)恩诺沙星，每次每千克体重 0.25～0.5 毫升，肌内注射，每日 2 次，连续 3～5 天。

【防治措施】预防本病，可用兔大肠杆菌病多价灭活疫苗或多联苗进行免疫注射。另外，应加强饲养管理，防止频繁更换饲料和饲喂霉烂变质饲料，仔兔断奶前后的饲料必须坚持循序渐进地更换和合理搭配，减少各种应激因素的刺激；避免长期使用几种药物，及时对药物进行更新，以免产生耐药性；保持兔场的清洁卫生，经常对环境消毒，比如用 1∶200 倍复合酚，坚持每半月对兔舍笼、饲养用具消毒 1 次，或 0.5%消毒王带兔喷雾消毒。

5. 坏死杆菌病

本病由一种革兰阴性的多形态坏死杆菌引起的，是以皮肤和皮下组织坏死、溃疡和脓肿为特征的散发性传染病。

【发病特点】患病动物是主要传染源，但健康带菌动物在一定程度上也起着传播作用。本菌能侵害多种动物，幼兔比成年兔易感性高。动物在污秽条件下易受感染。病原一般通过皮肤、黏膜的伤口侵入，在内脏引起坏死病变。本病常呈散发或地方流行性，潮湿、闷热、昆虫叮咬、营养不良等可促发本病。

【临床症状】病兔停止采食、流涎，体重迅速减轻。在唇部、口腔黏膜、齿龈、颈部、头面部及胸部等处出现坚硬肿块，随后出现坏死、溃疡，形成脓肿。病原也可在病兔腿部和四肢关节的皮肤内繁殖，发生坏死性炎症，或侵入肌肉和皮下组织形成蜂窝组织炎。坏死病变具有持久性，可连续存在数周或数月，病灶破溃后散发恶臭气味，病兔体温升高，最后衰竭死亡。

【病理变化】剖检可见病兔的口腔、齿龈、颈部和胸前皮下组织及肌肉组织等坏死。淋巴结（尤其是颌下淋巴结）肿大，并有干酪样坏死灶。多数病兔在肝、脾、肺等外有坏死灶，并伴有心包炎、胸膜炎。腿部有深层溃疡病变。皮下肿胀，内含黏稠脓性或干酪性物质。坏死组织有特殊臭味。

【诊断】根据症状、病变和病原菌检查结果一般可做出诊断。

【治疗方法】一旦患病，立即隔离治疗，彻底消毒。

(1)局部治疗：先要彻底消除坏死组织（烧毁），口腔用0.1%高锰酸钾冲洗，然后撒布青霉素40万单位或长效菌毒王0.35克，每日2次，连用3～5天；其他部位用3%过氧化氢或1%高锰酸钾洗涤，再撒上消炎粉，每日1次，连用5天。

(2)全身治疗：每千克体重兔，1次肌内注射长效菌毒王（抗病毒中药）0.15～0.2毫升，轻者1次，重者1次注射0.23～0.25毫升，每日1次，连用3～5天；每千克体重一次肌内注射菌毒热三疗0.15～0.2毫升，每日1次，连用3～5天；每千克体重1次肌内注射中华金针长效注射液0.1～0.2毫升，患病轻者，隔日注射1次；重症者及首次用药，每日用药1次。静脉注射或静脉滴注，用葡萄糖水或生理盐水稀释[静

注1∶(1～3)、静滴按1∶(10～15)]后使用。

【防治措施】

(1)兔舍要清洁,干燥,光线充足,空气流通。除去兔笼、兔舍内尖锐物,以避免兔体皮肤、黏膜损伤。

(2)从外地引进种兔时,必须进行隔离检疫1个月,确定无病时方可入群。

(3)兔群一旦发病,要及时进行隔离治疗,淘汰病、死兔。彻底清扫兔舍并进行消毒。

6. 波氏杆菌病

波氏杆菌病是由波氏杆菌属中的波氏杆菌引起的一种多发性呼吸道传染病。

【发病特点】本病在春秋季节多发,经调查由于保温措施不当或各种应激因素的影响,如气候骤变,感冒,强烈刺激性气体的刺激,寄生虫等,使带菌兔的上呼吸道黏膜脆弱,抵抗力下降,本菌乘虚而入,感染发病。主要传染途径为呼吸道,如打喷嚏、咳嗽,随呼吸道将鼻腔分泌物排出外界污染环境。该病的传染源为带菌兔和病兔,仔兔和青年兔呈急性经过,易与巴氏杆菌病、李氏杆菌病继发感染为多见。成年兔呈慢性经过。鼻炎型呈地方流行,支气管肺炎型呈散发性流行。

【临床症状】病兔表现精神不振,食欲降低,呼吸困难,不愿活动,目光呆滞,精神沉郁,食欲疲绝。一般是7～28天死亡,急性发作7天之内死亡。

(1)鼻炎型:病兔精神不佳,闭眼,鼻孔流出清水样鼻涕,病兔打喷嚏,呼吸困难,经常用前爪抓擦鼻部,鼻孔周围及前肢部湿润,被毛污秽不洁,鼻腔黏膜充血,流出多量浆液性或黏液性分泌物,有的病兔甩头,不断排出鼻腔分泌物,引起鼻部炎症出血。患兔渐渐消瘦，体重减轻，最后衰竭死亡。成兔转入慢性型或支气管肺炎型。

（2）支气管肺炎型：有的患兔鼻炎经久不愈，细菌下行至支气管或肺部，引起鼻腔黏膜红肿、充血，有多量黏液流出，为白色黏液脓性分泌物，打喷嚏，呼吸困难，鼻孔形成堵塞性痂皮，有鼻鼾声，患兔食欲下降，进行性消瘦，病程达数月之久。有的继发巴氏杆菌或败血症而死亡，有转入慢性成为带菌者呈地方性流行。

【病理变化】鼻腔黏膜、咽喉及支气管内有淡黄色泡沫状浆液性和黏液性分泌物，喉头充血、水肿，气管黏膜充血、出血；肺部肿大并有多量大小不一的脓疱，表面凹凸不平，也有的有多量密集小脓疱，肺部表面粗糙呈棕褐色病变区，切开病变区有液体流出，慢性病程的肺上面有大小不等、数量不一化脓灶，小如粟粒，大如鹌鹑蛋，在脓疱内有黏稠性乳白脓汁，肝脏肿胀、淤血，质地变硬，表面有少量细小脓疱，有的病例在屠宰后检查肺部有病变，也有的可见心包炎或化脓性胸膜炎等。

【诊断】从临床上特殊症状和病变结合流行病学可初步诊断，最好进行实验室诊断确诊。

【治疗方法】发病后，对严重病兔淘汰。而临床症状轻微，用氧氟沙星连续使用5天即可，在病兔停止死亡或病情减轻，可用诺氟沙星按100毫克/千克饲料拌料。另外，可选择卡那霉素每千克体重5毫克，每日2次，肌内注射，或用新霉素，每千克体重40毫克，每日2次，肌内注射等。将病兔粪彻底清除，禁止死兔剥皮吃肉，必须深埋或烧毁。兔舍再彻底消毒1次。

【防治措施】平时加强饲养管理，定期消毒，兔舍通风良好，对健康兔群进行支气管败血波氏杆菌灭活苗预防注射，每兔皮下或肌内注射 1 毫升。免疫期 4～6 个月，每年注射 2 次。平时每天临床检查，有呼吸异常或鼻炎，应将病兔隔离饲养。兔场最好自繁自养，到外地引进种兔，要隔离饲养 15～30 天，经临床与血清学检查阴性方可合群饲养。

7. 葡萄球菌病

兔葡萄球菌病是由金黄色葡萄球菌引起的一种常见病，世界各地都有发生。

【发病特点】葡萄球菌在自然界分布很广泛，空气、饲料、饮水、土壤、灰尘和各种动物体表都有染附，动物的皮肤、黏膜、肠道、扁桃腺体、乳房和爪甲缝等也有寄生。各种年龄、不同性别的兔都可感染。病兔不断从脓汁、排泄物及分泌物中排出病原菌，污染周围环境。其传播途径主要是经皮肤和黏膜感染，尤其在外伤时最易发生。但也可通过直接接触、呼吸道和消化道等途径感染。哺乳母兔的乳头是本病进入机体的重要门户。

此外，外界不良的卫生条件，兔笼的结构不合理以及不适当的饲料配比，特别是蛋白质饲料过多，均可诱发本病的发生。

【临床症状】根据病菌侵入的部位和扩散的情况不同，表现多种不同症状。潜伏期 2～5 天。

(1)脓肿及转移性脓毒血症：在全身各部位皮下或肌肉、内脏器官形成一个或几个脓肿。病变部初期红肿、硬实，后形成脓肿，大小不一。皮下脓肿经 1～2 个月后能自行破溃，流出脓汁，破溃口经久不愈。脓液通过抓伤和血流扩散到其他部位，当脓肿向内破溃时，即发生全身性感染，呈现脓毒血症，病兔迅速死亡。

(2)乳房炎:母兔产仔初期由乳头或乳房皮伤而感染。体温升高,乳房发硬或紫红或蓝紫色,逐渐增大,乳汁中混有脓液或血液。

(3)仔兔急性肠炎:仔兔吃了患乳房炎母兔的乳汁而引起急性肠炎。全窝发病,肛门周围被毛污秽、腥臭,患兔昏睡;体质衰弱,经2～3天死亡。

(4)仔兔脓毒败血症:仔兔出生后2～3天,皮肤上出现粟粒大的脓肿,多数病兔在2～5天呈败血症死亡。少数病兔的脓疱逐渐变干、消失而痊愈。

(5)脚皮炎:在兔脚掌心和侧面皮肤开始出现充血、发红、肿胀和脱毛,继而形成不愈的溃疡,病兔行动困难,食欲减退;消瘦。如发生全身感染,呈败血症死亡。

【病理变化】病兔不同部位皮下和内脏器官有数量不等、大小不一的脓疱,疱膜完整,内含浓稠的乳白色脓液或破溃而流出脓汁。

【诊断】根据临诊症状和病理变化可以作出诊断,必要时通过细菌学、免疫学方法作出确诊。

【治疗方法】本病的治疗最好在药敏试验的基础上选择合适的药物。据报道,新型青霉素应列为首选治疗药物。其他如红霉素、庆大霉素和卡那霉素等也可考虑合用或单用。还可用7.5%海康注射液,按每千克体重10毫克肌内注射或皮下注射,每日1次,连用2～3天,越早治疗效果越好。局部脓肿、足跖面皮炎和外生殖器炎症,可按一般外科方法处理,或结合全身治疗。如切开皮下脓肿排脓后,用3%过氧化氢溶液或0.2%高锰酸钾溶液冲洗,然后涂以碘甘油等;对足跖面皮炎，要检查笼底是否合乎要求，必要时应更换软草。先用1%的过氧化氢溶液冲洗患部，再用5%碘酊或5%甲紫酒精溶液涂擦，并施行局部或全身性治疗。

【防治措施】预防可用分离到的葡萄球菌灭活苗进行免疫接种，母兔配种后接种，仔兔断乳后接种，1年2次。也可选用抗生素，混合在饲料和引水中，作为预防给药。另外，由于葡萄球菌广泛分布于自然界，所以本病的预防应主要依靠加强饲养管理和作好经常性的兽医卫生工作，包括以下几点：

(1)经常保持兔舍、兔笼和运动场的清洁卫生，定期消毒，防止和避免兔体外伤。

(2)加强饲养管理，尤其产仔后和断乳前的母兔，要视情况适当减少优质精料和多汁青料，以预防由于乳汁过多、过浓和积乳而发生乳房炎。

(3)预防本病的发生，可用0.2%土霉素粉或0.04%新诺明粉拌料，连喂3～5天，还可用金黄色葡萄球菌培养液制成灭活苗，每兔皮下注射1毫升，预防本病的流行。

(4)发现病兔及时隔离，并进行治疗，对环境进行彻底消毒。

8. 绿脓杆菌病

兔绿脓杆菌病是一种由绿脓假单胞菌引起的散发性流行性传染病，发病急，病程短，不及时治疗便很快死亡，给养兔业带来极大的经济损失。

【发病特点】病兔及带菌动物的粪便、尿液、分泌物所污染的饲料、饮水和用具是本病的主要传染源。经消化道、呼吸道及创伤而感染。任何年龄的兔都可发病，一般为散发，无明显的季节性。

【临床症状】病兔突然不食，精神沉郁，呼吸急促，体温升高，眼结膜红肿，鼻内流出少量半透明的黏液，粪便稀软带血，24小时左右即可死亡。病兔严重脱水，眼窝下陷，被毛粗糙无光泽，有的病兔生前无任何症状，死后剖检才见有病理变化。

【病理变化】死亡患兔全身呈青紫色，脐部肿胀，皮下有少量绿色或褐色渗出液；胸腔内有黄绿色积液；胃、十二指肠及空肠黏膜出血，肠内容物呈血样；脾脏肿大，呈樱桃红色；肝脏肿大，表面有黄绿色坏死灶；肺脏有点状出血，有的病例肺脏肿大，呈深红色，有的病例肺部有大量大小不等的淡绿色或褐色脓疱，内含淡绿色或褐色黏稠样脓汁，肺边缘与胸膜粘连，气管和支气管黏膜出血，有淡绿色黏液。

【诊断】根据本病的流行病学特点，兔体发病的症状及其病理变化可作出初步诊断，再进行细菌学、血清学定型可作出确切诊断。

【治疗方法】绿脓杆菌对多种抗生素产生抗药性，为确保治疗效果，最好先做药敏试验，选用高敏药物。

(1)庆大霉素，每只兔每次2万～4万单位，肌内注射，每日次连用3～5天。

(2)多粘菌素B，每千克体重1万单位，肌内注射，每日2次，连用几天。

(3)羧苄青霉素，每次每只兔20万～40万单位，肌内注射，每日2次，连用3天。

(4)复方新诺明，每千克体重200毫克，口服，每日2次，连用几天。

【防治措施】平时搞好饮水和饲料卫生，做好防鼠灭鼠工作。有本病史的兔场，可用绿脓假单胞菌单价或多价灭活苗，每只兔皮下或肌内注射 1 毫升，免疫期为半年，每年免疫 2 次。当发生本病时，对病兔及可疑兔要及时隔离治疗，兔舍应全面消毒。死兔及污物一律烧毁深埋。

9. 魏氏梭菌病

本病又称兔魏氏梭菌性肠炎，是由 A 型和 E 型魏氏梭菌所产生外毒素引起的肠毒血症，发病率与死亡率较高。

【发病特点】一年四季均发病，冬、春为发病高峰期，各种年龄易感，以 1～3 月龄多发。主要经消化道感染，长期运输，饲养管理不当，饲料霉变、精料过多，易诱发本病。

【临床症状】按病程、潜伏期的长短，本病可分为最急性型和急性型。

(1)最急性型：突然发作，急剧腹泻，很快死亡。有的病兔精神沉郁，蜷缩，被毛粗乱，食欲废绝，剧烈水泻，有特殊腥臭味，消化道充满气体和液体，腹部显著膨胀，肛围、后肢被稀粪沾污，若抓起病兔，黄色粪水从肛门流出，经 1～2 天后死亡。

(2)急性型：患兔突然不食，精神不振，粪便不成形，很快变为带血色、胶冻样或黑色或褐色腥臭的稀粪，污染肛围和后肢及尾部被毛。病兔严重脱水，体重迅速减轻，四肢无力，精神委顿甚至呈昏迷状态，有些病例呈现抽搐，也有的病例突然跳跃急跑，尖叫一声，很快倒地痉挛死亡。

【病理变化】尸体脱水、消瘦，腹腔有腥臭气味，胃内积有食物和气体，胃底部黏膜脱落，有出血和大小不一的黑色溃疡。肠壁弥漫性充血或出血，小肠充满气体和稀薄的内容物，肠壁薄而透明。肠系膜淋巴结充血、水肿，盲肠浆膜明显出血，盲肠与结肠内充满气体和黑绿色水样粪便，有腥臭气味。

心外膜血管怒张，呈树枝状。肝与肾淤血、变性、质脆。膀胱多有茶色尿液。

【诊断】根据症状、病理变化和流行特点可作出初步诊断。确诊需用肠内容物上清液注射兔或小鼠，检查有无外毒素。

【治疗方法】

(1)病初用特异性高免血清治疗，每千克体重2～3毫升，皮下或肌内注射，每日2次，连用2～3天。

(2)红霉素，每千克体重20～30毫克肌内注射，每日2次，连用3天。

(3)卡那霉素，每千克体重20～40毫克肌内注射，每日2次，连用3天。

(4)泻停，每千克体重0.5毫升，每日2次，连用3天。同时用"兔用抗三病免疫球蛋白IgG"肌内注射，每兔1毫升，病重兔2毫升，每日1次，连用2～3天。

【防治措施】

(1)加强饲养管理，消除诱发因素，精料不宜饲喂过多。

(2)严格执行各项兽医卫生防疫措施。

(3)预防接种魏氏梭菌灭活苗。

(4)发生疫情时，立即采取隔离、消毒、淘汰病兔等措施。

10. 泰泽氏病

本病是由毛样芽孢杆菌引起的，以严重下痢、脱水并迅速死亡为特征的一种传染病。

【发病特点】本病不仅存在于兔，而且存在于多种实验动物及家畜中。主要侵害6～12周龄兔，断奶前的仔兔和成年兔也可感染发病。病原从粪便排出，污染用具、环境及饲料、饮水等，通过消化道感染。兔感染后不是马上发病，而是侵入肠道中缓慢增殖，当机体抵抗力下降时发病。应激因素如拥挤、过热、气候剧变、长途运输及饲养管理不当等往往是本病的诱因。

【临床症状】发病急，主要症状为严重水泻、脱水、不食和沉郁，多在12～48小时内死亡。个别耐过急性期的病兔表现食欲不振，生长停滞。

【病理变化】病变可见盲肠、结肠浆膜、黏膜弥漫性充血、出血，肠壁水肿；盲肠内充满气体和褐色糊状或水样内容物，蚓突部有暗红色坏死灶，回肠亦有类似变化。慢性病例有广泛坏死的肠段发生纤维素化狭窄。肝脏肿大，有灰白色条斑状坏死灶；心肌亦有类似坏死灶。脾脏萎缩。

【诊断】根据病变和流行特点等可作出初步诊断。如用肝坏死区组织或肠病变部黏膜涂片，经姬姆萨染色或过碘酸锡夫氏染色，在细胞浆中发现毛样芽孢杆菌，则可确诊。

【治疗方法】兔发病初期用抗生素治疗有一定效果。用0.006%～0.01%土霉素饮水，疗效良好。青霉素，2万～4万单位/千克体重肌内注射，每日2次，连用3～5天。链霉素，20毫克/千克体重肌内注射，每日2次，连用3～5天。青霉素与链霉素联合使用，效果更明显。红霉素，10毫克/千克体重，分2次内服，连用3～5天。此外，用金霉素、四环素等治疗也有一定效果。治疗用量为兔每天2克/千克体重。对病情严重者，可将上述药物煎汁，用纱布过滤，加少量白糖灌服。

【防治措施】预防主要应加强饲养管理，减少应激因素，严格兽医卫生制度。一旦发病及时隔离治疗病兔，全面消毒兔舍，并对未发病兔在饮水或饲料中加入土霉素进行预防。

11. 炭疽

炭疽是由炭疽杆菌引起的各种家畜、野生动物和人类共患的急性败血性传染病。炭疽是一种古老传染病，分布于世界各地，曾对畜牧业发展和人类健康，造成巨大危害。近30年来，炭疽的发病率虽呈下降趋势，但至今仍未被消灭，时有散发和小范围暴发流行。

【发病特点】炭疽虽全年均可发生，但有明显的季节性，多见于炎热多雨或炎热干旱季节。发病兔是主要传染源，其次是带菌兔。传播主要通过采食被污染的饲料、饲草和饮水，经消化道感染；还可经呼吸道、吸血昆虫叮咬及皮肤损伤而感染。

在自然条件下，感染谱很宽。草食动物易感(其中绵羊、山羊和牛最易感)，马、骡、驴、水牛、骆驼和鹿次之，猪易感性较低，犬、猫易感性最低。家禽、鸟类一般不感染。野生动物中，羚羊、野牛最易感，野马、象、长颈鹿和河马也可感染发病，野鼠中鼬鼠很易感，而狼、虎、狮、猫和熊等肉食和杂食动物，常因吞食病死动物尸体而感染发病、死亡。毛皮动物中，水貂、紫貂、海狸鼠和兔易感，北极狐和银黑狐次之。

本病发病年龄无明显特异性，不同年龄、性别和品种的兔均易感，但幼龄兔较老龄兔易感，发病率和病死率均高；品种的纯度越高，发病率和病死率越高。

【临床症状】潜伏期长短不一，一般为1～5天，最短者为10～12小时，最长者可达14天。

病兔体温多为36～38℃，精神萎靡，缩成一团，昏睡、不食、不饮，口鼻多流出清而稀的黏液，附于口、鼻周围。严重者颈、胸、腹下出现水肿，少数病兔出现头部水肿，切开水肿部流出微黄白色水肿液。凡出现水肿者，多转归死亡。

【病理变化】病死时间较长的兔，水肿液呈胶冻样，水肿最厚达2厘米以上；肺脏轻度充血；心肌松软，心血呈酱油样；肝脏充血，胆囊肿大，并充满黏稠胆汁；脾脏稍显萎缩；其他脏器均未见异常。

【诊断】确诊时必须进行实验室诊断。

【治疗方法】

(1)病死兔必须立即深埋或烧毁，严禁剥皮和吃肉。病兔必须及时严格隔离，并进行相应的抢救疗法：

①抗炭疽血清疗法：皮下注射抗炭疽血清，成年兔为15～20毫升，幼龄兔为5～10毫升。必要时，24小时后可重复1次，疗效较佳。预防量减半。

②抗生素疗法：首选青霉素，每只肌内注射20万～40万国际单位，每日2次，连用2～3天。遇到耐药菌株疗效不佳时，可选用环丙沙星、先锋霉素(头孢菌素)、四环素、强力霉素(多西环素)、卡那霉素、丁胺卡那霉素、金霉素和氟苯尼考等治疗，疗效均佳，但前提是尚未用过，才能选用。

(2)被污染的场地和笼具，选用20%漂白粉溶液或5%硫酸石炭酸合剂彻底消毒；被污染的无应用价值的物品，一并焚烧处理；铲除地面表层土，用1份漂白粉和3份土混合消毒，以消灭病原，切断传播途径。

(3)对假定健康兔群，除加强饲养管理，提高非特异性抗病力外，可选用环丙沙星和丁胺卡那霉素群防群治，交替应用，连用2～3天。

【预防措施】

(1)炭疽常发地区和受威胁地区，要加强兽医检疫、检测和卫生监督。

(2)凡不明死因的动物尸体,严禁剥皮和食用,须经兽医人员检验后,再做处理。

(3)抗菌药群防群治,可选用环丙沙星、强力霉素或氨苄青霉素等抗生素,连用3~5天。

(4)饲养人员要严格遵守个人防疫制度,以防感染、发病。

(5)一定要抓好消毒工作,定期消毒,选择有效的消毒剂,并适时更换,保证消毒效果。

总之,当疫情发生后,应立即采取上述应急综合防控措施,把经济损失降低到最低限度,以利于迅速恢复生产。

12. 曲霉菌病

曲霉菌病俗名瘫软病,主要是由烟曲霉菌和黄曲霉所引起的一种多型性、接触传染性、细菌性传染病,也是一种人兽共患病。目前,曲霉菌病流行的地区相当广泛,近几十年来,则有增加的趋势,兔对霉变饲料很敏感,属于高度敏感群之列。

【发病特点】曲霉菌的孢子广泛分布于自然界,常存在于土壤、垫草以及发霉的谷物和饲料中。因此,易感者均可从自然界受到感染。当然,带菌兔和病兔也可成为传染源。主要经呼吸道感染,亦可经消化道和皮肤伤口感染。发病年龄无明显特异性,可发生于任何年龄段兔。兔曲霉菌病一年四季均有发生,但多集中在高温、高湿的夏季,其次为春季,这是因为曲霉菌繁殖的必备条件,就是高湿度(相对湿度80%以上)和适宜的温度(24~34℃)。

【临床症状】潜伏期长短不一,一般较短,多在3~5天,长者可达7~10天,甚至更长。

曲霉菌病的临床症状呈现多样性，取决于毒素的种类、毒素量、毒素侵入部位和兔的体质等，大体可分为皮癣型、肠炎型、口炎型、流产型、后肢瘫痪型、浑身瘫软型和败血症型等。开始病兔食欲减退或废绝，流涎，精神萎靡不振，对周围无反应，全身衰弱无力、喜伏卧，蜷缩在笼内，呼吸促迫，心跳加快。病兔先排干粪，后期排带血稀粪；尿液混浊而浓稠、呈黄色。病兔口唇和眼结膜黄染，耳后缘、前后肢内侧和胸、腹侧皮肤，均显紫红色斑点或斑块，数量不等。继而病兔出现神经症状，如肌肉痉挛、角弓反张、后肢软瘫、全身麻痹，最后，病兔死于心力衰竭。

【病理变化】肺出血、淤血发紫，部分有霉斑，气管内有黏性分泌物和泡沫，胃黏膜脱落，肝肿大、质脆变紫；胆囊肿胀，结肠、盲肠浆膜出血，十二指肠、空肠臌气。

【诊断】根据病兔临床表现和病死兔剖检病变，可获初诊结果，但要确诊，必须进行实验室诊断。

【治疗方法】

(1)选用制霉菌素，按每千克饲料 100 万国际单位口服，或按每 1000 毫升水 100 万国际单位饮服，连用 3 天。

(2)清除垫料，并在清洗饲料槽和饮水器后，选用 10%漂白粉溶液浸泡消毒。以新鲜配制的 0.3%过氧乙酸溶液，按每立方米 30 毫升熏蒸带兔的兔舍。

(3)及时更换霉变的饲料，选用干燥、无霉变的原料加工而成的饲料饲喂兔群，并加强饲养管理，避避各种应激因素的刺激，以提高兔群非特异性抗病力。

【防治措施】由于兔曲霉菌病的发生与环境条件密切相关，也与兔自身免疫力水平高低及有无应激刺激有关，因此，要防治兔曲霉菌病，应该从平时的饲养管理入手，搞好兔舍的环境卫生，保持兔舍通风、干燥，减少饲养密度，增加兔活动空间；增加青绿饲料在日粮中的比例；尽可能避免频繁转笼、换饲等，以减少对兔群的应激。

13. 有机磷农药中毒

有机磷农药是我国目前应用最广泛的一类高效杀虫剂，引起兔中毒的主要农药有1605、内吸磷(1059)、马拉硫磷(4049)、敌敌畏、乐果、马拉松、倍硫磷、杀螟松和二嗪农(地亚农)等，这类药物是一种神经性毒剂，虽杀虫范围广，但对人、畜、禽都有很大毒性。由于这些药使用较普遍，发生中毒也较多。

【发病特点】兔中毒多是由于采食了喷洒过有机磷农药的蔬菜、青草、粮食等引起，有些则是用敌百虫治疗体表寄生虫病时引起的。当有机磷农药经消化道或皮肤等途径进入机体而被吸收后，则使体内乙酰胆碱在胆碱能神经末梢和突触部蓄积而出现一系列临床症状。

【临床症状】兔常在采食含有有机磷农药的饲料后不久出现症状，初期表现流涎，腹痛，腹泻，兴奋不安，全身肌肉震颤、抽搐，心跳加快，呼吸困难等症状，严重者表现可视黏膜苍白，瞳孔缩小，最后昏迷死亡。轻度中毒病例只表现流涎和腹泻。

【病理变化】病变急性中毒病例，剖开肠胃，可闻到肠胃内容物散发出有机磷农药的特殊气味，胃肠黏膜充血、出血、肿胀，黏膜易剥脱，肺充血水肿。

【诊断】根据典型的症状、胃内容物的蒜臭味和毒物调查一般可以作出诊断。确诊需检测胃内容物或饲草、饲料中有无有机磷农药。

【治疗方法】有机磷农药中毒后必须迅速抢救。首先，阻止药物继续进入体内，迅速排出胃内容物，并用特效解毒剂及对症治疗。早期应用0.1%硫酸阿托品，每只兔皮下注射1～2毫升，隔3～4小时重复注射1次；碘解磷定(或双复磷)每千克体重20～40毫克，维生素C 0.025克和10%葡萄糖注射液50毫升，混合静脉注射。

【防治措施】喷洒过有机磷农药尚有残留的植物和各种菜类不能用来喂兔。用有机磷药物进行体表驱虫时，应掌握好剂量与浓度，并加强护理，严防兔舔食。

14. 食盐中毒

食盐是动物体必不可少的营养素，适量的食盐可增进食欲，帮助消化。因此，兔日粮中常加入0.3%～0.5%的食盐。但饲喂过多，可引起中毒，甚至死亡。临床上以神经症状和一定的消化机能紊乱为特征。

【发病特点】在饲料中加盐过多，以至采食了过多的盐分而又饮水不足时造成中毒。另外，饲料中添加食盐时搅拌不匀，治疗疾病时盐类药物用量过大等，也易发生食盐中毒。

【临床症状】病初食欲减退，精神沉郁，结膜潮红，下痢，口渴。继而出现兴奋不安，脱水，少尿，头部震颤，蹒跚步态；严重的呈癫痫样痉挛，角弓反张，呼吸困难，最后卧地不起，意识紊乱，昏迷而死亡。

【病理变化】剖检病兔胃肠黏膜出血性炎症，肝脏、脾脏、肾脏肿大。

【诊断】根据病史、临床症状和剖检病变一般可作出诊断，必要时可将病料和饲料送往实验室检验氯化钠含量。

【治疗方法】发现食盐中毒后立即停喂含盐饲料，早期应勤饮水，中后期控制饮水，防止发生水中毒。药物治疗可内服油类泻剂 5～10 毫升，静脉注射葡萄糖酸钙 10～20 毫升。配合解痉、镇静等对症疗法进行治疗。

【防治措施】针对病因加强饲养管理，搞好饲料配合，日粮中的含盐量不应超过 0.5%。对含盐饲料按其含盐量及兔食盐需要量计算合适后添加，搅拌均匀，并供足饮水。

15. 亚硝酸盐中毒

兔食入富含硝酸盐的饲料、饮水，引起高铁血红蛋白症，临床上出现可视黏膜发绀、血液稀薄、凝固不良、高度呼吸困难为特征的中毒病。

【发病特点】各种生长茂盛的鲜嫩青草、作物秧苗以及野菜类等均含有大量硝酸盐。当其过久堆放、经雨淋、暴晒、冰冻、踩压，在适宜的条件下，硝酸盐很快被硝化细菌还原为毒性大的亚硝酸盐，被兔采食而发生中毒。兔胃肠道中的细菌也可将硝酸盐还原为亚硝酸盐而中毒。

【临床症状】体况好、多食者，发病重，死亡快。病兔表现精神沉郁，食欲废绝，有的口吐白沫，有的腹痛。呼吸急促，逐渐加快，每分钟达 120～160 次。四肢无力，不愿走动，缩颈，蹲伏笼舍一侧，随后不能站立，匍匐在地上或笼中。有的肌肉震颤，闭眼，有的瞳孔散大。体温下降，耳及四肢发凉。全身发绀，耳内侧和上下唇呈青紫色，耳内侧最明显。有的病兔耳苍白，耳静脉由红色变成紫黑色，唇和鼻呈乌紫色。最后衰竭倒地，肌肉战栗，强直性痉挛死亡。

【病理变化】剖检，血液暗红（酱油色），稀薄，凝固不良。肺淤血，液体多。心脏淤血，血管充盈，整个心脏大体呈黑紫色。胃黏膜脱落。

【诊断】依据发病急、群体性发病的病史、饲料储存状况、临诊见黏膜发绀及呼吸困难、剖检时血液呈酱油色等特征，可以做出诊断。可根据特效解毒药亚甲蓝进行治疗性诊断，也可进行亚硝酸盐检验、变性血红蛋白检查。

【治疗方法】一旦发生中毒，立即用特效解毒剂1%的亚甲蓝解毒，按每千克体重1～2毫克静脉注射。也可用5%的甲苯胺蓝按每千克体重5毫克肌内或静脉注射，10%葡萄糖和大剂量的维生素C也有一定疗效。

【防治措施】青绿饲料应现收现喂，不宜堆放，不宜踩压、冰冻、雨淋，腐烂青草坚决废弃。

16. 球虫病

兔球虫病是兔中最常见而且危害严重的一种原虫病，分布于世界各地，我国各地均有发病。

【发病特点】本病一年四季均可发生，在南方梅雨季节常呈现发病高峰；在北方以夏、秋季多发，均呈地方性流行。各品种的兔均易感，断奶后至3月龄的兔最易感，发病死亡率可达50%以上。一般成年兔感染后带虫，极少发病死亡，但能排出卵囊。

【临床症状】球虫病的潜伏期一般为2～3天，有时潜伏期更长一些。病兔的主要症状为精神不振，食欲减退，伏卧不动，眼、鼻分泌物增多，眼黏膜苍白，腹泻，尿频。按球虫寄生部位本病可分为肠球虫病、肝球虫病及混合型球虫病，以混合型居多。肠型以顽固性下痢，病兔肛门周围被粪便污染，死亡快为典型症状。肝型则以腹围增大下垂，肝肿大，触诊有痛感，可视黏膜轻度黄染为特征。发病后期，幼兔往往出现神经症状，表现为四肢痉挛，麻痹，最终因极度衰弱而亡。

【病理变化】

(1)肝球虫病：病兔肝肿大，表面有白色或淡黄色结节病灶，呈圆形，大如豌豆，沿胆管分布。切开病灶可见浓稠的淡黄色液体，胆囊肿大，胆汁浓稠色暗。在慢性肝病中，可发生间质性肝炎，肝管周围和小叶间部分结缔组织增生，使肝细胞萎缩，肝体积缩小，肝硬化。

(2)肠球虫病：可见十二指肠、空肠、回肠、盲肠黏膜发炎、充血，有时有出血斑。十二指肠扩张、肥厚，小肠内充满气体和大量黏液。慢性病例肠黏膜呈淡灰色，上有许多小的白色小点或结节，有时有小的化脓性、坏死性病灶。肠系膜淋巴结肿大，膀胱积黄色混浊尿液，膀胱黏膜脱落。

(3)混合型球虫病：各种病变同时存在，而且病变更为严重。

【诊断】根据流行病学资料、临床症状及病理剖检结果，可做出初步诊断。在实验室检查中如在粪便中发现大量卵囊，或在病灶中发现大量不同发育阶段的球虫，即可确诊。

【治疗方法】治疗兔发生球虫病时，可用下列药物进行治疗：

(1)磺胺六甲氧嘧啶(SMM)：按1000毫克/千克混饲，连用3～5天，隔1周，再用1个疗程。

(2)磺胺二甲基嘧啶(SM2)与三甲氧苄氨嘧啶(TMP)：按5∶1比例混合后，以200毫克/千克浓度混饲，连用3～5天，停1周，再用1个疗程。

(3)氯苯胍：按每千克体重30毫克混饲，连用5天，隔3天再用1次。

(4)杀球灵:按1毫克/千克浓度混饲,连用1～2个月,可预防兔球虫病。

(5)莫能菌素:按40毫克/千克浓度混饲,连用1～2个月,可预防兔球虫病。

(6)盐霉素:按50毫克/千克浓度混饲,连用1～2个月,可预防兔球虫病。

【防治措施】

(1)兔场应建于干燥向阳处,保持干燥、清洁和通风。

(2)幼兔与成兔分笼饲养,发现病兔立即隔离治疗。

(3)加强饲养管理,保证饲料和饮水不被粪便污染。

(4)使用铁丝兔笼,笼底有网眼,使粪、尿全流到笼外,不被兔所接触。兔笼可用开水、蒸汽或火焰消毒,或放在阳光下暴晒,以杀死卵囊。

(5)合理安排母兔繁殖,使幼兔断奶不在梅雨季节。

(6)在球虫病流行季节,对断奶仔兔,将药物拌入饮料中预防。

①氯苯胍:对多种畜禽的球虫病有效。对于兔球虫病如预防每千克饲料中需加150毫克氯苯胍,如治疗则每千克饲料中需加300毫克。

②盐霉素:主治畜禽的球虫病。如用于预防兔球虫病,每千克饲料中添加盐霉素25毫克,如治疗每千克饲料中加50毫克。

③莫能菌素:对畜禽球虫有良好的防治作用。如预防兔球虫,每千克饲料中添加25毫克,治疗每千克饲料中添加50毫克。

④球痢灵:对多种球虫有效。预防量为每千克饲料中添

加 125 毫克，治疗量为每千克饲料中添加 250 毫克。

⑤大蒜、洋葱，适量混于饲料中经常饲喂。

17. 乳房炎

乳房炎是乳房呈现硬、肿、热、痛或化脓性炎症反应的一种疾病，多发生于产后 5～20 天的哺乳母兔。

【发病特点】兔乳房炎的病因主要有 2 种。一是母兔分娩前后饲喂精饲料过多，乳汁分泌过多、过浓，而新生乳兔吸吮力弱，过浓的奶汁又难以吸出，致使残留在乳房内的乳汁过多而形成乳房炎。二是乳兔吮乳时咬破母兔乳头，或因笼、箱的铁丝、铁钉等尖锐物损伤乳房的皮肤感染细菌(主要致病菌是金黄色葡萄球菌和链球菌)而发炎。

【临床症状】病兔的乳房局部肿胀、充血，部分乳头焦干，皮肤紧张发亮，触之发热，有痛感；皮肤淡红色、红色或蓝紫色，又称蓝色乳房；病兔拒绝哺乳；神态紧张，弓背不安，从巢箱里跳进跳出，不让乳兔吃奶。患兔精神沉郁，体温 40～40.6℃，食欲减退或废绝。有的炎症蔓延至所有乳房，体温高达 41℃以上，因败血症而死亡，病程 2～3 天。不死者，因体温升高，泌乳停止，使乳兔挨饿甚至饿死。有的病乳房附近皮下形成脓肿。

【诊断】根据临床症状即可诊断。

【治疗方法】发现哺乳母兔患病后，应隔离仔兔，仔兔由其他母兔代哺乳或人工喂养。

(1)对轻症乳房炎，可挤出乳汁，局部涂以消炎软膏，如 10%鱼石脂软膏、10%樟脑软膏、氧化锌软膏和碘软膏等。

(2)局部封闭疗法，如用 0.25%～1%盐酸普鲁卡因液5～10 毫升，加少量青霉素，平行腹壁刺入针头，注射于乳房基部。

(3)发生脓肿时，应及早纵行切开，排出脓汁，然后用3%过氧化氢等冲洗，按化脓创治疗。深部脓肿，可用注射器抽出脓汁，向脓肿腔内注入青霉素。

(4)为防止全身败血症，可应用青霉素类药物。愈后不宜再用作繁殖母兔。

【防治措施】根据母兔体型大小、肥瘦及乳房充盈程度，决定饲喂量。母兔产前 2～3 天，应适当减少精料，产后 3～5 天内多喂青绿多汁饲料，少喂精料；产后 10～20 天适当增加精料与青饲料。要清除兔箱、兔笼内的尖锐物，防止损伤皮肤。加强饲养管理，饲喂人员要每天仔细观察兔的情况，做到早发现早治疗。常发生乳房炎的兔，分娩前后两天，每天内服磺胺嘧啶 1 片，有预防作用。在母兔产前产后，可用清洁的湿毛巾擦洗乳房。

18. 溃疡性脚皮炎

溃疡性的脚皮炎是脚由于沉重的兔体对兔笼、铁丝板引起的脚皮坏死或创伤性炎症。

【发病特点】由于兔习惯性喜欢频繁地跺脚，而脚垫上皮毛又较薄，加之环境过度潮湿，兔笼底板上的尿液或污染物的浸渍，铁丝笼底粗糙不平，甚至锐利，缺乏缓冲，故兔跖骨部的底面，有时掌骨指骨部侧面易发生损伤，引起溃疡性皮炎。

【临床症状】在跖骨部底面或掌骨部侧面皮肤上，覆盖干燥硬痂或大小不等的局限性溃疡，由于细菌感染，溃疡上皮及周围发生脓肿。病兔畏痛，四肢频频交换支撑躯体，时而卧伏；拱背，呈踩高跷样步态；厌食，体重减轻。

【诊断】根据临床表现即可诊断。

【治疗方法】据研究报道，应及时发现，用橡皮膏围病灶作重复缠绕，尽量放松缠绕，然后用手轻握压，压实重叠橡皮膏，不作任何处理，20～30 天可自愈，橡皮膏起了保护、抑菌、湿润结痂的作用，但四肢发病者治愈不良。对患兔先用 0.2%醋酸盐液冲洗，清除坏死组织，并涂以 15%氧化锌软膏或抗生素软膏；局部脓肿，按常规手术处理，并肌内注射抗生素；溃疡开始愈合后，涂以 5%甲紫液。发病初期，亦可采用磺胺、大蒜疗法，即用磺胺噻唑软膏 2 份、大蒜泥 1 份，混合均匀涂患部。也可用石灰疗法，即用生石灰 1 份，水 2 份，混合 2 小时后，用石灰水涂患处，隔 4～5 天再涂 1 次；让病兔脚踏生石灰，也有治疗作用。如果病情较重，可用合霉素煤油疗法，即合霉素 15～16 片，研末，加到 500 克煤油中，溶解后涂擦患部。

【防治措施】根据发病原因，兔笼底最好用木条、竹片制作，防止机械损伤，减少感染机会。保持兔笼舍的清洁和干燥，勤换垫草，定期检查和消毒，均可降低该病的发生。平时要常检查，发现病兔后及时采取治疗措施。留种时，除按照常规标准选种以外，应选脚掌毛密、皮厚的为种兔，以提高抗病能力。

19. 兔螨病

兔螨病又叫疥癣，俗称癞病，是指由于疥螨科或痒螨科的螨寄生于兔的体表，而引起的慢性寄生虫性皮肤病。患部剧痒、湿疹性皮炎、脱毛、逐渐向周围扩散和具有高度的传染性是该病的特点。本病对兔的危害十分严重，患病兔贫血、消瘦，严重者可引起大批死亡。

【发病特点】本病多发生于秋、冬季及初春季节，具有高度传染性。病兔是该病的传染源。健兔与病兔直接接触可致染病，被病兔污染的环境、兔舍、工具等可传播病原，狗及其他动物也能成为传播媒介。笼舍潮湿、饲养密集、卫生不良等均可促使本病蔓延。瘦弱和幼龄兔易遭侵袭。

【临床症状】

(1)兔痒螨病:兔痒螨主要侵害耳部,起初耳根红肿,随后延及外耳道并引起外耳道炎,渗出物干燥成黄色痂皮,如纸卷样塞满耳道内。病耳变重下垂、发痒,病兔经常摇头、搔耳,有时病变蔓延至中耳和内耳,甚至达到脑部,引起癫痫样症状,严重时导致死亡。兔足螨常常寄生于头部、外耳道和脚掌下面的皮肤,引起炎症。传播较慢,易于治疗。

(2)兔疥螨病:兔疥螨和兔背肛螨一般先在头部和掌部无毛或毛较短的部位(如嘴唇、鼻孔及眼周围)引起病变,后蔓延到其他部位,使兔产生痒感。病兔搔痒引起炎症,因此,皮肤表面发生疱疹、结痂、脱毛以及皮肤增厚和龟裂等变化。病兔因代谢障碍而消瘦、贫血,甚至死亡。

【诊断】选择病兔患病皮肤交界处,剪毛消毒后,用蘸有少量 50%甘油水溶液的外科手术刀刮取皮屑,直到皮肤微出血。将刮下的皮屑放于载玻片上,滴几滴煤油使皮屑透明,然后放上盖玻片,在低倍显微镜下观察查找虫体。也可将刮取的皮屑放在培养皿内或黑纸上,在阳光下暴晒,或用热水或火等对皿底或黑纸底面加温至 40～50℃,30～40 分钟后移去皮屑,在黑色背景下,肉眼见到白色虫体爬动,即可确诊。鉴别诊断本病与湿疹、毛癣菌等病的症状相似,诊断时应注意将其区分开。

【治疗方法】药物治疗应先去掉痂皮再用药,不要多次连续用药,以免中毒;兔舍内严禁处理螨病,毛、痂皮等病料应就地烧毁;不宜采用药浴治疗;药物治疗的同时要对笼具等物进行消毒。

(1)1%～2%敌百虫水溶液擦洗病部，每日1次，连用2天，1周后再用1次。

(2)用50%的杀虫脒配成0.2%溶液，擦洗或浸泡患处2～3分钟，隔日1次，连治3次。

(3)用50%辛硫磷乳油剂配成0.1%或0.05%水溶液，涂搽耳壳内外，治疗兔耳螨病。

(4)0.2%蝇毒磷溶液涂于患处，一般1次即愈。严重病例可隔3～5天后再治1次。

(5)二氯苯醚菊酯乳油(除虫精)1毫克加水2.5～5升，配成2500～5000倍稀释液，涂搽1次。未愈时7天后再治1次。

(6)碘甘油(碘酊3份，甘油7份，混合)灌入耳内，每日1次，连用3天。多用于治疗兔痒螨病。

(7)豆油100毫升煮沸，加入硫磺20克，搅拌均匀，待凉后涂搽病部，每日1次，连用2～3天。

(8)溴氢菊酯对兔螨虫有很强的驱杀作用。

(9)速灭菊酯对兔螨虫有良好的杀灭作用。用水稀释2000倍涂擦患部。

(10)阿维菌素又叫阿福丁，对兔螨病有很好的防治效果，每千克体重用0.3克口服，可预防半年。

(11)用棉籽油稀释1000倍涂擦于患部。

【防治措施】

(1)兔舍应保持干燥卫生，通风透光，勤换垫草，勤清粪便。

(2)经常检查兔群，发现病兔及时隔离治疗，对笼舍及用具消毒。

(3)新购进的兔要隔离饲养，确定无病后再混群；已治愈的兔应治愈 20～30 天后再混群。

20. 兔虱病

兔虱病是一种常见的慢性外寄生虫病，病原兔虱只能寄生于兔体表，以血为食。

【发病特点】该病主要通过接触传播，也可通过笼舍和用具传播。在环境卫生工作较差的兔场，一旦兔虱通过病兔或其他途径带入，则会迅速蔓延，尤以秋冬季最易发病。营养不良或因其他疾病时，更容易发病。

【临床症状】兔虱在叮咬时分泌有毒性的唾液，引起发痒，于是嘴啃爪搔，往往划破皮肤，血液和炎性液体溢出，形成硬痂。因兔虱不停搔扰，病兔食欲减少，一只虱子一天要吸血 0.2～0.6 毫升，重度感染时，可引起贫血，特别对幼兔危害尤为严重。

【诊断】兔子常用嘴啃咬痒的部位或用前爪抓痒的部位，咬破或抓破皮肤，皮肤上有微小的出血点，溢出的血液干后形成结痂，因而易脱毛、脱皮、皮肤增厚和发生炎症等。拨开兔子患部的被毛，检查其皮肤表面和绒毛的下半部，可找到很小的黑色虱，在兔绒毛的基部可找到淡黄色的虱卵。兔虱发生严重时会造成病兔食欲不振，消瘦，抵抗力减弱。

【治疗方法】

(1)涂擦治疗：可选用 1%～2%敌百虫水溶液、0.05%蝇毒磷乳剂水溶液、0.05%辛硫磷乳油水溶液等涂擦患部；或用百部 1 份，水 7 份，煎开 20～30 分钟，浸泡 24 小时，涂擦患部。

(2)撒粉治疗:精制敌百虫1份与50份滑石粉均匀混合,用双层纱布包好,逆毛进行涂擦。治疗要间隔8~10天重复施治2~3次,以杀灭虱卵中不断孵出的幼虫。

【防治措施】要保持兔舍干净、卫生、干燥、空气新鲜。定期检查兔的体表,做到早发现、早隔离、早治疗。笼舍每隔一定时间用2%的敌百虫溶液消毒1次,或将苦楝树叶放在笼内以驱除兔虱。

21. 腹泻

腹泻是兔最常见的疾病之一,俗称拉稀。大多数病兔为胃肠黏膜炎症。由于本病易引起脱水,如不及时治疗,就会引起死亡。

【发病特点】多为饲养管理不当造成,如突然更换饲草饲料,不定时定量饲喂,贪食过多,断奶过早,断奶后过多采食不易消化的饲草饲料,饲喂霉变饲料或冰冻饲料,饲料和饮水不卫生,饲料品质低劣,过多采食后消化不良,兔舍寒冷潮湿等均可引起腹泻。也可发生于某些传染病、寄生虫病和中毒病等。本病多见于幼兔。

【临床症状】症状轻者食欲减少,精神不振,排软粪,呈粥样或水样便,不愿走动,兔体消瘦。重者体温升高,食欲废绝;严重腹泻,呈水样,常混有血液或胶冻样黏液;结膜发绀,呼吸急促,常虚脱而死。

【诊断】在排除了感染和中毒因素引起的腹泻后,根据症状即可确诊。

【治疗方法】治疗原则为清理胃肠,调节胃肠功能,杀菌止泻,维护全身机能。

(1)对轻症腹泻,可先清理胃肠,用硫酸钠或人工盐2~3

克，加水40～50毫升1次内服或用10～20毫升石蜡油内服。然后可服用各种健胃剂，如龙胆酊、陈皮酊2～4毫升，口服。

(2)对重症腹泻首先控制炎症，可用新霉素，按4000～8000单位/千克体重，肌内注射。诺氟沙星，按20～30毫克/千克体重口服等。如严重脱水，可静注葡萄糖盐水等30～50毫升、肌内注射安钠咖液1毫升，每日2次，连用2～3日。对粪臭味不大又腹泻不止者，可使用止泻剂，如鞣酸蛋白0.25克，每日2次，连用1～2日。

【防治措施】对本病的预防在于加强饲料管理，不喂腐败、不洁、发霉、冰冻的饲料，不饮不洁水，换料逐渐进行，保持兔舍的干燥、通风、温暖等。

22. 感冒

感冒又称伤风，是由寒冷刺激引起的以发热和上呼吸道黏膜表层炎症为主的一种急性全身性疾病。

【发病特点】感冒多由于气候骤变，温度急剧下降，环境潮湿，通风不良，兔舍内氨浓度过大，贼风侵袭，过度拥挤，遭受雨淋，剪毛或药浴后受冷等，使兔呼吸道黏膜受到刺激，抵抗力降低，感染病原微生物而发病。春秋季节及冬季多发。

【临床症状】本病以发病急、发热为主要特征。主要表现为轻症咳嗽，打喷嚏，流鼻水或浓稠涕，食欲减退；重症体温在40℃以上，精神沉郁，呼吸困难，拒食，常并发气管炎或肺炎等。体质好的兔3～5天能自愈。部分可转化为支气管肺炎、肺炎等。

【诊断】根据有受寒和天气突变的病史，突然发病而发热流涕等症状可以作出初步诊断，在排除了肺炎及传染性疾病后，可以确定为本病。

【治疗方法】对病兔应加强护理与保暖。高热病例可用解热药物，如复方氨基比林 2 毫升，肌内注射，每日 1 次，连用 2 天；安乃近半片，内服，每日 2 次；安痛定 0.5 毫升、柴胡注射液 0.5 毫升，肌内注射，每日 2 次，连用 2 天。为防止继发感染，配合使用抗菌消炎药物，如青霉素、链霉素各 10 万～20 万单位，肌内注射，每日 1～2 次，连用 2～3 天；20%磺胺嘧啶钠注射液 2 毫升，肌内注射，每日 1 次，连用 2～3 天；卡那霉素 20 万单位，肌内注射，每日 2 次，连用 2～3 天。也可用成药银翘解毒片 2 片，投服，每日 3 次，连用 3 天。

【防治措施】气候突变时要注意防寒，防雨淋；冬季兔舍注意保暖，防贼风侵袭；剪毛与药浴时要选天气晴朗温和时进行。

第六章 肉用兔的出栏

肉用兔90日龄前生长发育比较快，绝对增重高，90日龄后随着日龄的增加日增重下降，耗料与成本增加。因此，养至90日龄左右，大型品种体重达到3千克左右、中型品种体重达到2.25千克左右、小型兔为2千克左右时及时联系“公司”或上市出栏。

第一节 出栏与屠宰

一、活体出栏

肉用兔出栏采用全进全出制，就是在同一栋兔舍同一时间只饲养同一日龄的肉用兔，全部在同一天出场。

1. 出栏时间的确定

正常情况下，大型品种，如比利时兔、塞北兔、哈白兔等，骨骼粗大，皮肤松弛，生长速度快，出肉率低，出栏体重在3千克左右为宜；中型品种，如新西兰兔、加利福尼亚兔等，骨骼细，肌肉丰满，出肉率高，出栏体重2.25千克以上即可；小型兔为2千克左右即可出栏。

冬季气温低，耗能高，不必延长育肥期，只要达到出栏最低体重即可。其他季节，青饲料充足，气温适宜，兔子生长较快，育肥效益高，可适当增大出栏体重；当兔群已基本达到出栏体重，而此时环境条件恶化（如多种传染病流行，延长育肥期有较大风险），应立即结束育肥。

2. 抓兔

正确的抓兔方法是一只手抓住两耳，另一只手置于股后托住兔臀部，以支持体重。

3. 装兔

肉用兔采用结实运输箱运输，运输箱一般高度为35～40厘米，笼内可放置承粪托盘，承粪托盘内铺垫锯木屑，以吸收尿液。

装笼时每只笼子所装活兔的数量不能过多，由于兔笼大小不一，故一般要求每平方米面积放10～15只为宜。一般冬季可多几只，炎热夏季少装几只，以防止闷热造成死兔。装兔的笼子在使用之后必须进行严格消毒，以防止传染病和寄生虫病的传播。

4. 运输

运输工具如汽车、三轮车或船只等不能装得过多，不仅要通风良好，而且要有防太阳晒和防雨淋设施。

运输时间要避开上午10时到下午3时之间。

运输时要尽量保持平稳安全，防止车内笼具颠覆或挤压。按照天气变化情况，每2～3小时停车1次，查看兔的状况，发现异常及时妥善处理。

如运输时间超过48小时，应尽可能停车喂兔。宜选用容易消化、含水分较少、适口性较好的青绿饲料，如野青菜、青干草、大头菜、胡萝卜、青蒿、树叶（杨树叶、柳树叶、榆树叶、桦树叶)等,切忌喂用含水分较多的青菜、菠菜、水白菜和马铃薯等,以免引起腹泻;精饲料可少喂或不喂,但要及时供给饮水。

二、屠宰加工

为了增加产品附加值,专业户饲养模式的可以自行屠宰加工。自行屠宰加工多采用手工操作,只须刀、剪、接血槽(盆)等工具即可。

(一)屠宰前的准备

1. 确定屠宰计划

要了解兔只出栏数量,考虑自身的屠宰加工能力及运输能力,调研和预测加工后各类原料产品销售市场、产品流向及价格。依据这些因素确定屠宰数量和收购、屠宰的进度。

2. 各类产品包装用品及存放场地的准备

屠宰加工的过程是分别采集各类产品的过程,因此对每类产品的包装用品应有足够的准备,并要确定存放场地。每类产品需用什么包装、需用多少、场地大小,要根据屠宰规模、数量和产品出售的时间而定。如屠宰规模大、数量多、短时间难以销出,就需较多的包装和较大的场地。

3. 宰前检验

肉用兔在屠宰前,必须经逐只检验。凡膘情好,健康无病的方可屠宰。凡确诊为严重传染病的兔,应立即捕杀销毁。经检验确认为一般传染病,且有治愈希望者,或有传染病可疑而未经确诊的兔,可隔离治疗缓宰。经检验发现受伤或其他非传染病、无碍人体健康、且有迅速死亡可能的病兔,应急宰并行高温处理,急宰兔一律不作出口冻兔原料。

4. 宰前断食

确定屠宰的肉用兔，宰前应断食12小时。断食有利于减少消化道中的内容物，便于开膛和内脏整理工作，可防止加工过程中的肉质污染；断食能促使肝脏中的糖原分解为乳酸，均匀分布于机体各部，使屠宰后迅速达到尸僵和增加酸度，抑制微生物繁殖；断食还有助于体内的硬脂肪和高级脂肪酸分解为可溶性低级脂肪酸，均匀分布于肌肉各部，使肉质肥嫩、肉味增加；断食还可节约饲料，降低成本，临宰肉用兔的安静休息，有助于屠宰放血。

临宰肉用兔在断食期间，应供应足量饮水。宰前充足饮水，可以保证临宰肉用兔的正常生理机能活动，促使粪便排出，放血完全；充足饮水还有利于剥皮和提高屠宰产品质量，但在宰前2～4小时应停止供水，以避免倒挂放血时胃内容物从食道流出。

(二)屠宰工艺

1. 击昏方法

肉用兔击昏的方法很多，常用的有电击法、棒击法、颈部移位法等。棒击法和颈部移位法方法简单，但易造成兔头颈部淤血，影响酮体质量。用尖刀割颈放血或杀头致死，容易沾污毛皮和损伤皮张，不宜采用。

(1)电击法：此方法是采用高频电流对活兔进行电击，使其昏厥。一是防止宰杀前处于饥饿状态的活兔剧烈挣扎，致使体内糖原含量下降，兔肉超极限 pH 值增高，色泽暗，组织干燥紧密，品质下降；二是高频电流可在短时间内使组织深部温度高达32℃以上，在短时间内达到极限 pH 值和乳酸最大生成量，从而加速兔肉的成熟，改善了兔肉的品质。

"电麻器"常用双叉式，类似长柄钳，适用电压为40～70伏，电流为0.75安。使用时先蘸取5%盐水，插入耳根后部，触电昏倒后方可宰杀。

(2)棒击法：通常用左手紧握临宰肉用兔的两后腿或腰部提起兔子，使兔头下垂；或用左手抓住兔的双耳，使其下颌挂靠在竹筐等的边缘上，用木棒重击其耳后延脑部位，要求一棒击晕。棒击时要迅速、熟练。

(3)颈部移位法：颈部移位法是最简单而有效的处死方法。术者用左手抓住兔后肢，右手捏住头部，将兔身拉直，使头部向后扭转，突然用力一拉，兔子因颈椎错位而致死。

2. 放血

肉用兔被击昏后应立即放血，以保证操作安全和放血完全。最常用的放血法是颈部放血法，即将肉用兔倒吊在特制的金属挂钩上或用细绳拴住后肢，再用利刀迅速沿左下颌骨边缘割开皮毛切断动脉、静脉放血。放血时间以3～4分钟为宜，不能少于2分钟，以免放血不全。放血充分，肉质细嫩，含水量少，容易贮存；放血不全，肉质发红，含水量多，贮存困难。

3. 剥皮

剥皮是一项繁重的劳动，专业户饲养模式的普遍采用手工剥皮法。先用粗绳将放血后的兔体后肢倒挂固定，用利刀自颈部周围，四肢中段(前肢腕关节、后肢附关节)平行挑开，再沿大腿内侧通过肛门切开皮肤，用退套法剥下皮张。

趁热剥皮比较顺利，一般不需用刀，最后抽出前肢，剪掉耳朵、眼睛和嘴唇周围的结缔组织和软骨，至此一个毛面向内、肉面向外的筒状鲜皮即被剥下。

4. 剖腹

屠宰剥皮后，剖腹净膛，先用刀切开耻骨联合处，分离出泌尿生殖器官和直肠，然后沿腹中线切开腹腔，除肾脏外，取出所有的内脏器官。从前颈椎处割下头，在附关节处割下后肢，最后用清水清洗屠体上的血迹和污物。

5. 宰后检验

内脏检验是兽医卫生检验工作中的重要一环，是宰前检验的继续和补充。

(1)腹腔检查

①肺部检查：主要观察色泽、硬度和形态，注意有无充血、出血、溃烂、变性及化脓等病理变化。

②心脏检查：主要观察心外膜有无炎症、出血点，心肌有无变性，心囊液的性状是否正常等。

③肝检查：肝的硬度、大小、色泽。注意有无脓肿和坏死病灶，以及胆囊、胆管有无病变或寄生虫寄生。患肝球虫病时，肝脏实质有淡黄色大小不一、形态不规则、一般不突出于表面的脓性结节。如肝脏表面有针尖大小的灰白色小结节，则应考虑沙门氏菌病、泰泽氏菌病、李氏杆菌病、肉用兔热、巴氏杆菌病、伪结核病。在巴氏杆菌、葡萄球菌、支气管败血波氏杆菌感染时肝脏常有脓肿。

④脾脏检查：脾脏大小，硬度，色泽，有无充血、出血与结节等病变。脾脏肿大，有大小不一、数量不多的灰白色结节，若切面呈脓样或干酪样是伪结核病的特征；结核结节为淡黄色或灰白色较硬的干酪样坏死，切面常见钙化。

⑤肾脏检查：肾脏有无充血、出血、变性及结节。如肾脏一端或两端有突出于表面的灰白色或暗红色、质地较硬、大小不一的肿块，或在皮质部有粟粒大至黄豆大小的囊孢，内含透明液体，乃是肿瘤或先天性囊肿的症状。

⑥胃肠检查：胃肠浆膜、黏膜有无充血、出血及炎症（巴氏杆菌）。盲肠蚓突和圆小囊浆膜下有无散发性和弥漫性灰白色小结节或肿大（伪结核病）。肠道尤其是小肠黏膜是否有许多灰白色小结节（肠球虫）。盲肠、回肠后段和结肠前段浆膜，黏膜有无充血，水肿或黏膜坏死、纤维化（泰泽氏病）。此外，注意胸腹膜上有无囊尾糊。

另外，注意母肉用兔子宫和腹腔有无积脓，表面有无纤维蛋白性附着物（巴氏杆菌病、葡萄球菌病）。

(2)胴体检查：为保证质量，必须细心检查，并复验1次。正常兔肉为粉红色，如呈深红色或暗红色则为老兔或放血不完全的表现。此时可切开肌肉观察切面有无大小血滴渗出。检查肉尸有无创伤、化脓、炎症及各部位和四肢淋巴结有无变化。如淋巴结肿大，尤其是颈部、腋下、腹股沟淋巴结呈深红色并有坏死病灶者，可疑似肉用兔热和坏死杆菌病。

检出疾病后的处理按其性质的不同分别以高温、冷冻、胶制、产酸和销毁等方式处理。

凡发现有下列情况之一者应禁止外销。

①肌肉色泽暗红，放血不全。

②肌肉、脂肪呈黄色或淡黄色。

③营养不良，脊椎骨突出者。

④胴体表面有创伤，修割面过大者。

⑤胴体经水洗或污染面超过1/3者。

⑥胴体有严重骨折、曲背、畸形者。

⑦胸、腹部有严重炎症者。

⑧背部肉色苍白或肉质粗糙者。

⑨胴体露骨、透腔或腹肌扯下者。

6. 修整

修整的目的是为了除去胴体上能使微生物繁殖、污染的淤血、残脂、污秽等，达到洁净、完整和美观的商品要求。

(1)修除残存的内脏、生殖器、各种腺体、结缔组织和颈部血肉等。

(2)修整背、臀、腿部等主要部位的外伤，修除各种瘢疤、溃疡等。

(3)修整暴露在胴体表面的各种游离脂肪和其他残留物。

(4)从第一颈椎处去头，从前肢腕关节、后肢跗关节处截肢。

(5)用高压自来水喷淋胴体，冲净血污，转入冷风道沥水冷却。

在屠宰加工过程中，应从始至终做好卫生工作。剥皮后的皮肉不要混在一起，以免皮毛污染酮体等。

7. 兔肉分级

在外观上凡兔肉尸暗红或放血不全、露骨、透腔、脊骨突出过瘦、背部发白、厚皮、有严重骨折、曲背、畸形者，修割面积超过规定的，都不应作带骨兔。

(1)带骨兔肉的分级标准

①特级：每只净重 1501 克以上。

②一级：每只净重 1001～1500 克。

③二级：每只净重601～1000克。

④三级：每只净重400～600克。

(2)分割兔肉的分级标准

①前腿肉：自第十与第十一肋骨间切断，沿脊椎骨劈成两半。

②背腰肉：自第十与第十一肋骨间向后至腰荐处切下，劈成两半。

③后腿肉：自腰荐骨向后，沿荐推中线劈成两半。

8. 预冷

据测定，刚屠宰的胴体温度一般在37℃左右，同时因胴体本身的"后熟"作用，在肝糖分解时还要产生一定的热量，使胴体温度处于上升趋势，如果在室温条件下放置时间过久，由于微生物(细菌)的生长、繁殖，就会使兔肉腐败变质。

在气温20℃左右而又不通风的情况下，一昼夜便可造成兔肉成批变质，温度越高，腐败越快。所以，预冷的目的就是为了迅速排除胴体内部的热量，降低胴体深层的温度并在胴体表面形成一层干燥膜，阻止微生物的生长和繁殖，延长保存时间，减缓胴体内部的水分蒸发。

冷却间的温度最好维持在－1～0℃，最高不宜超过2℃，最低不得低于－2℃，相对湿度最好控制在85％～90％，经2～4小时即可进行包装入箱。

9. 包装

目前，我国的冻兔肉，包装要求大致如下。

(1)带骨或分割兔肉均应按不同级别用不同规格的塑料袋套装，外用塑料或瓦楞纸板包装箱，箱外应印刷中、外文对照字样(品名、级别、重量及出口公司等)。纸箱内径尺码是带骨兔肉为57厘米×32厘米×17厘米;分割兔肉为50厘米×35厘米×12厘米。

(2)带骨兔肉或分割兔肉,每箱净重均为20千克。分割兔肉包装前应先称取5千克为一堆,整块的平摊,零碎的夹在中间,然后用塑料包装袋卷紧,装箱时上下各两卷成"田"字形,四卷再装入一聚乙烯薄膜袋。每箱兔肉重量相差不得超过200克。

(3)带骨兔肉装箱时应注意排列整齐、美观、紧密,两前肢尖端插入腹腔,以两侧腹肌覆盖;两后肢须弯曲使形态美观,以免背向外,头尾交叉排列为好,尾部紧贴箱壁,头部与箱壁间留有一定空隙,以利透冷、降温。

(4)箱外包装带可用塑料或铁皮,宽约1厘米。因铁皮包带久贮容易生锈,所以大部分冻兔加工厂目前多采用塑料包带,打包带必须洁净,不能有文字、图案、花纹,不宜采用纸带,以防速冻或搬运时破损、散落。

(5)箱外需打包带三道,成"艹"字形,即横一竖二,切勿因横面操作不便而不加包带。五分包带需用五分包扣,切忌五分包带用四分包扣,或四分包带用五分包扣,以防箱边破损,兔肉外漏。

10. 冷藏

(1)冷冻设施:目前,我国冻兔加工多采用机械化或半机械化作业,其工艺水平和卫生标准已达国际水平。

冷冻加工间主要包括冷却室、冷藏室和冻结室等。为了减轻胴体上微生物的污染程度,除屠宰过程中必须注意之外,对冷冻室中的空气、设施、地面、墙壁等乃至工作人员均应保持良好的卫生条件。在冷冻过程中，与胴体直接接触的挂钩、铁盘、布套等只能使用1次，在重复使用前，须经清洗、消毒，干燥后再用。

(2)冷却条件：主要是指温度、湿度、空气流速和冷却时间等。兔肉冷冻，首先是肌肉纤维中水分与肉汁的冻结，然而冻兔肉的质量则与冻结温度与速度有很大关系。据试验，在不同的低温条件下，兔肉的冻结程度是不同的，通常新鲜兔肉中的水分，－0.5～－1℃开始冻结，－10～－15℃时完全冻结。

根据测定，在整个冷却过程中，冷却初期因冷却介质（空气）和胴体之间的温差较大，冷却速度较快，胴体表面水分蒸发量在开始1/4时间内，约占总蒸发量的1/2。因此，空气的相对湿度也要求分为2个阶段，冷却初期的1/4时间，相对湿度以维持95％以上为宜；冷却后期的3/4时间内，相对湿度应维持在90％～95％；冷却临近结束时，应控制在90％左右。空气流速是影响冷却时间和程度的又一重要因素。一般冻兔肉在冷却时，空气流速以每秒2米为宜。

(3)冷却方法：目前我国冻兔肉加工厂都采用速冻冷却法，速冻温度应在－25℃以下，相对湿度为90％。速冻时间一般不超过72小时，试测肉温达－15℃时即可转入冷藏。

如无冷却设施的小型加工厂，则应配备适量的风扇、排风扇，炎热季节必须设法使肉温低于20℃，然后直接送入速冻间速冻，使肌肉纤维中的水分和肉质全部冻结。为加快降温可采用开箱速冻法，使原先要72小时速冻压缩到36小时，既节电，又可提高冻兔肉质量，是一项有效的措施。

(4)冷藏条件：冷藏是将已经冻结的兔肉，为保持肉温不上升，需在冷藏间贮存待运。合理的冷藏条件是，冷库温度应保持在－17～－19℃，相对湿度为90%。冷库内温度升降幅度一般不得超过1℃，在大批量进出货过程中，一昼夜升温不得超过4℃，空气流动以自流、对流为好。如温度忽高忽低，易造成肉质干枯和脂肪发黄而影响质量。

冷藏堆放的方法是，长期冷藏的冻兔肉应堆成方形堆，地面应用不通风的木板衬垫，衬垫高约30厘米，堆高2.5～3米，在冷库容积和地坪负荷允许的条件下，堆放的体积和密度越大越好，冷库的堆装量越多越能提高冷库的利用率。

肉堆与周围墙壁、天花板之间，应保持30～40厘米的距离，距冷却排管40～50厘米，肉堆与肉堆之间保持15厘米的间距，冷库中间应有运送小车的通道，一般不少于2米。

冻兔肉的冷藏期限，主要取决于冷藏温度和原料类型等。实践证明，冷库温度愈低，保藏期愈长。在4℃冷库中，保藏期仅35天；在－5℃条件下，保藏期为42天；在－12℃条件下，保藏期可达100天左右。出口冻兔肉如能保藏在－17～－19℃条件下，则能保藏6～12个月。

（三）副产品的加工

1. 兔头利用

目前，以兔头为原料加工的产品越来越多，如麻辣兔头、怪味兔头、干锅兔头等。因此，兔头可按只或按千克装箱冷冻贮藏后销售，一般按只每箱100只，按千克每箱10千克。

2. 兔血利用

兔血除少数地区有食用习惯之外，全国绝大部分地区还很少利用。其实，兔血含有很高的营养价值，可加工成多种产品，供食用、药用，或作为畜禽的动物性饲料。

(1)兔血食用:兔血营养丰富,蛋白质含量很高,必需氨基酸完全,微量元素丰富,可加工成血豆腐、血肠等营养食品。血豆腐系我国民间广泛食用的传统菜肴,但用兔血制作的还较少见,它是资源充分利用和提高养兔经济效益的重要途径之一。血豆腐的制作过程,一般为采血→搅拌(加食盐3%)→装盘(血水比为1∶3)→切块水煮(水温90℃,蒸煮15分钟)个切块浸水→食用,销售。

血肠是北方居民的传统食品,具有加工简单、营养丰富、价廉物美等特点,制作过程一般为采血→搅拌、加水→加调料→灌肠→水煮→起锅冷却→食用、销售。调料配制可选用:大葱1%,花椒0.1%,鲜姜0.5%,香油0.5%,味精0.1%,精盐2%,捣碎、混匀即成。

(2)兔血饲料:利用兔血可加工成普通血粉或发酵血粉,是解决畜禽动物性饲料的有效途径之一。

目前,国内生产的血粉饲料,大都以猪血或牛血为原料,在现代化肉用兔屠宰加工厂或小型屠宰场,仍可以兔血为原料生产血粉饲料。其生产过程,一般为采血→混合→发酵+干燥。先将收集的兔血用等量能量饲料混合,充分搅拌后,接种微生物发酵菌种,置混合血于发酵罐中,在60℃条件下,发酵72小时,然后经热风灭菌干燥,使含水量由80%降至15%即成。据测定,兔血饲料含粗蛋白49.5%,粗脂肪4.5%,可溶性无氮物35%,粗纤维5%,粗灰分4.9%。

(3)兔血医用:兔血可提取多种生物药物和生化试剂,如医用血清、血清抗原、凝血酶、亮氨酸、蛋白胨等。

3.兔肝利用

兔肝呈红褐色,位于腹腔前部,重40～80克,占体重3%

左右。兔肝去胆，修整（即胆部位和结缔组织），擦干血水后单独出售（直接食用或用于制造医药工业的制肝浸膏、肝宁片和肝注射液等）。如不慎胆囊破裂，立即用水冲洗肥肝上的胆汁。兔肝在包装前不需要用水冲洗，以防变颜色。只需要用干净的布将其擦干净即可。

4. 兔胰利用

兔的胰脏既是消化腺，又是内分泌腺，胰液中含有胰蛋白酶；胰脂肪酶、胰淀粉酶。利用胰脏可提取胰酶、胰岛素等，因此可单独包装出售给制药厂。

5. 兔胆利用

用兔胆提取胆汁酸，提取率可达3%左右，而牛、羊胆的提取率只有0.3%，所以兔胆是提取胆汁酸的良好原料。

6. 兔胃利用

兔胃属单室胃，位于腹腔前部，可分为贲门部、幽门部、胃底及胃体部，胃壁黏膜能分泌胃液，含有盐酸和胃蛋白酶原，在医药工业上常用兔胃提取胃膜素和胃蛋白酶等。

7. 兔肠利用

兔肠很长，其长度为体长的10倍左右。在医药工业上，可用兔肠作为提取肝素的原料。

8. 兔肾、睾丸

兔肾、睾丸常用于滋补品，可冷冻保存后出售。

（四）兔皮的加工

刚从兔体上剥下的生皮叫鲜皮。鲜皮含有大量水分、蛋白质和脂肪，极适宜各种微生物繁殖，如不及时进行加工处理，就很有可能腐败变质，影响毛皮品质。

1. 清理

脱脂清理工作，家庭通常采用木制刮刀进行。清理中应注意以下 3 点：

(1)清理刮脂时应展平皮张，以免刮破皮板。

(2)刮脂时用力应均衡，不宜用力过猛，以免损伤皮板，切断毛根。

(3)刮脂应由臀部向头部顺序进行，如逆毛刮脂，易造成毛皮穿孔、流针等伤残。

2. 防腐

按照防腐的原理，在生产实践中常用的防腐方法有干燥法、盐腌法、盐干法和酸盐法等。各种方法各有其优、缺点和适用范围，在生产中可根据实际情况灵活选用。

(1)干燥法：干燥防腐法的实质是去除皮中大量水分，造成不利于细菌繁殖的条件，从而达到防腐的目的。其过程是将鲜皮按其自然皮形，皮毛朝下，皮板朝上，平摊在木板或草席上，晾在不受日晒的阴凉、通风、干燥处，任其自然干燥。在干燥过程中要严防烈日暴晒，严防雨淋或被露水打湿。干燥时间长的皮毛不能及时抑制细菌的有害作用，将会导致生兔皮皮质的全面变质。放在烈日下直晒或放在晒热的砂砾地与石头上会使表面干燥的过快而变硬，影响内部水分的顺利蒸发，致使皮内干燥不匀，给细菌繁殖创造了良好条件，引起皮内腐败；同时，过热的温度，会使生皮内层蛋白质发生胶化，在浸水等过程中容易产生分层现象；皮上附着的脂肪将会溶化并扩散到纤维间和肉面上，使浸水更加困难。

①板皮的淡干皮干燥法：将处理后的鲜兔皮贴在稍粗糙的墙上（要尽可能将其拉伸展成长方形），边贴紧在阴凉处自然干燥。注意：揭皮时顺势不要揭破兔皮。将鲜皮向外，皮板朝里拉成长方形贴在席上；或者毛向里，把皮板拉成长方形，沿毛边缘缝在席上，在通风阴凉处自然干燥（注意：皮板一般不要晒，日晒后易成油浇板，不易浸水。也不能雨淋，否则易腐烂掉毛）。

②筒皮的淡干燥法：屠宰后的筒皮可将其毛朝里，板朝外装入废纸、破布等使其内鼓起；也可选用长120厘米、宽3厘米的竹条，弯成弓形，套在皮筒里将其撑起，皮张下端用夹子或小绳扎好，不卷边挂起晾干，冬天可晾晒。

（2）盐腌法：是利用食盐防腐，应用此法比较多见。其实质在于食盐能造成高渗环境，排出皮内水分，抑制细菌生长发育；同时利用食盐的钠离子与蛋白质活性基结合的特性和钠离子的杀菌特性，达到防腐目的。

①将鲜皮放入24%～26%的食盐溶液中，浸泡16～24小时，然后甩干，将皮挂起晾干，其水分含量约为20%即可。

②将鲜皮放入含15%～20%食盐、2%～3%碳酸钠、1%硅氟酸钠的混合液中，腌制15～24小时即可。取出把皮板垛在斜面上，半个月后打包收起即可。该方法加工的生兔皮不僵破，不生虫，回软充水好。

淡干皮的干燥法适合于干燥地区或者是冬季及凉爽季节取皮；若在湿热地区或夏天屠宰的兔，采用自然干燥法，因气温高，潮湿多雨，腐败菌、致病菌繁殖快，引起毛松脱落。因此，可采用盐干法或盐腌法，以抑制微生物的繁殖，达到防腐的目的。

(3)盐干法:是盐腌与干燥相结合的一种方法。即先进行盐腌,再置通风干燥处自然干燥。在稍倾斜的木板或水泥地板上撒上3厘米厚的盐,然后在鲜皮板上均匀地撒上占皮重30%～50%的食盐,逐张放至1.5米高,使其出“水”,再进一步自然干燥6～8天即可。若长期保存,可二次倒垛,撒盐。二次盐量为鲜皮重的15%～20%。该方法所用的盐以精盐为好,因海盐尤其是未经煮过的日晒海盐纯度差,含菌多,不但防腐效果差,而且易出现盐斑和红斑,故不宜使用。其优点是防腐力强,而且避免了生皮在干燥过程中易发生的硬化、龟裂等缺陷。

(4)酸盐法:先用食盐85%,氯化铵、明矾各7.5%,配制成防腐粉剂。再将防腐粉剂均匀地撒布在毛皮肉面并稍加揉搓。然后毛面向外折叠起来堆放7天左右。

3. 兔皮鞣制

兔皮的鞣制方法很多,主要有甲醛鞣,铬铝鞣和适合广大农村应用的硝面鞣。其原理主要是利用兔皮纤维组织的多孔性,使鞣液扩散至纤维组织,通过吸附作用,使鞣液和纤维组织之间发生一系列的理化作用,将生皮鞣制成柔软、丰满,并具有一定程度稳定性的裘皮。

(1)硝面鞣制法:此方法简单,成本低廉,毛皮柔软耐用。

①组批与称重:将兔皮按厚薄、大小和存放时间的长短进行分批,便于鞣制质量一致。并将选定的每张皮去掉头皮、脚皮后称重,作为浸水、脱脂的用药依据。

②洗净与浸水:先用清水将皮张上的尘土、粪尿、血迹等污物洗净,然后按每千克皮加8～10千克净水在常温下浸泡12～24小时。浸泡时兔皮切勿露出水面,并翻转1～2次,以

便浸泡均匀。为防止浸泡中发生腐败或脱毛，可在每千克水中加甲醛1～2毫升。

③脱脂：将皮毛中的绝大部分油脂去掉。常用的脱脂方法有乳化法和皂化法。乳化法是采用肥皂或表面活性物质（如洗衣粉、洗涤剂）进行脱脂。其优点是作用缓慢，不伤被毛。皂化法是用纯碱脱脂。这种方法温度不宜过高，温度过高会使毛的角质受到破坏。在毛皮工业生产中，大多采用乳化法。脱脂液和皮的重量比一般为（10～15）：1，每千克水中加洗衣粉1.5～2.0克，纯碱0.3～0.5克，pH值为8.5～10，水溶液温度保持在38～40℃，浸泡40～50分钟。捞出沥水，然后再用清水漂洗。

④浸硝：每千克皮用水6千克，每千克水中加芒硝80～100克，面粉50～60克，在常温下浸泡16～18小时，每隔3～4小时搅动1次。芒硝要先用热水溶化、澄清，取上面清液与面粉拌匀后倒入水中，搅匀下皮。

⑤铲皮：将浸硝后的皮取出，控去水分。用手指从尾部向颈部方向剥皮板上的一层油膜。如揭不净的可以用铲刀由尾部到头部再向四周铲去皮板上的残肉、油脂和结缔组织等。铲皮时要小心，尽量不要弄破皮板。

⑥硝面鞣制：在原浸硝液中进行，但需按千克水中补加面粉50～60克，芒硝50～60克。以后连续使用，面粉和芒硝只需补加原来的一半即可。将配好的硝面鞣液加温到36～38℃，投入皮张，以后每天搅拌2次，并加温1～2次，使温度维持在38～40℃，夏天鞣制可以不加温，鞣制3～6天。鞣制是否完成，可用手推皮张最薄的肷窝皮等部位被毛，如出现轻度脱毛，皮扳手感松懈，伸张性好，即为鞣制好了。

⑦干燥:将鞣制后的皮捞出,控去水分,吹晒至八九成干。晒时要光晒板面,后晒毛面。

⑧回潮:将干燥的皮在皮板面上喷上约干皮重40%的浸硝液,然后板面对板面垛起来,用湿麻袋盖好过一夜,使其水分均匀。

⑨铲皮:回潮好的皮张要用刀铲去未揭净的皮块与较厚的部位,使皮板厚薄合乎要求,并使皮板柔软。

⑩整理入库:将铲下的皮屑抖掉,如有破皮须缝好,缠结的毛梳通,即可打捆入库,存放于阴凉干燥处。同时,在每张皮上放几粒卫生球或樟脑片以防虫蛀。如用霉蛀克片效果更好,即可防霉又可防蛀。

(2)铬铝鞣制法:用纯铝盐鞣制的毛皮洁白、柔软,但不耐水,不耐热。用纯铬盐鞣制的毛皮具有很好的耐水性和耐热性,但有使毛和皮板略带蓝色和皮极收缩变厚的缺点。如把这两种鞣法结合起来鞣制得到的毛皮洁白、柔软、耐水、耐热及出皮率高。但在应用铝铬鞣制时,要严格控制铬盐的用量,通常三氧化二铬的用量以湿皮计算,不超过0.4%～0.5%(折合红矾0.8%～1%)。

①组批与称重:将兔皮按厚薄、大小、存放时间长短和存放手段的不同进行分批,便于鞣制质量的一致。对有严重脱毛、结毛、腐烂、胶化油渍、血迹以及破不成张,无鞣制价值的残次皮应剔出,作残次皮单独处理。

②打毛:毛被上沾有泥土、柴草、杂物要打净,使毛绒松散,无绣毛。一般用35～40℃的水均匀喷洒在皮板上,然后板对板静置过夜,使皮板变软后,用打毛机进行打毛,破皮缝好。

③浸水:通过浸水使皮板回软,除去部分血污、粪便等杂

物。按干皮重加15～20倍的水，在常温下浸泡22～24小时。皮板投入池内不能露出水面，中间翻动2～3次，使皮板基本均匀浸软，不得有干疤。如有干疤皮，挑出并延长浸水时间。夏季浸水时，应加防腐剂(硅氟酸钠0.25～0.5克/升)。

④第一次脱脂：洗去皮板和毛被上的血污、泥土、粪便和部分油脂。按干皮重加15倍的水，加洗涤剂AS(烷基磺酸钠，市场有售)每升2克，纯碱每升0.5克，在40℃左右的温水中浸泡1小时，每隔15分钟搅动3～4分钟，捞出用清水冲洗干净，出皮控水。

⑤浸硝：使皮板进一步回鲜。松散皮纤维为去肉创造条件，以干皮计液比为1∶15，芒硝每升加20克，食盐每升加10克，硫酸每升加0.5克，在30℃水温下浸泡16～22小时，中间搅动1～2次。

⑥去肉：将皮板上的油脂和结缔组织等除去，使皮纤维进一步伸张和松散。

⑦第二次脱脂：除去皮板、毛被上的油脂和部分可溶性蛋白质，使毛被洁净。以湿皮重计液比为1∶10，洗涤剂AS每升加2克，纯碱每升加0.5克，在40℃水溶液中浸泡1小时，操作方法同第一次脱脂。

⑧复浸：使皮板充分回鲜，纤维松散，脊骨无硬心，溶去部分可溶性蛋白质。以湿皮重计液比为1∶10，食盐每升加20克，夏季常温，冬季25～30℃水溶液浸泡14～16小时，中间搅动2～3次。

⑨酶软化：蛋白酶能在常压下催化肽键水解，皮纤维分离，皮板柔软。以湿皮重计液比为1∶10，食盐每升加30克，芒硝每升加60克，硫酸每升加3克，酸性蛋白酶每毫升加10

单位(以后再补加每毫升 5 单位),pH 值 3～3.5。将规定的水量放入池中,把盐、硝、酸加入,加温至 35～36℃搅拌均匀。取样分析,各项辅料达到要求后才能下皮浸泡,浸泡时间为 14～16 小时。提前 4～6 小时用酸液将酸性酶浸泡,过滤后加入池中,将溶液搅拌均匀后,将皮张逐一投入池中,再搅拌 10～15 分钟。

⑩鞣制:铝铬鞣剂与皮纤维羧基结合,使皮板柔软丰满,提高皮板的抗温、耐水性能,使生皮变成革皮。以湿皮重计液比为 1∶10,食盐每升加 30 克,芒硝每升加 60 克(相当于无水芒硝每升加 26 克),三氧化二铬每升加 0.3 克,明矾每升加 10 克,硫酸每升加 0.8～1 克,氯化氨每升加 2 克(连续使用每升补加 1 克),浸湿剂 JFC(市场有售)每升加 0.3 克,滑石粉每升加 15 克(以后每次每升补加 10 克),水温要求在 35～45℃。将上述原料(铬液除外)全部加入水中,加温至 35℃,然后加入铬液,搅拌、下皮,翻动 10～15 分钟,12 小时后加温到 36℃,24 小时后加温到 38℃,用纯碱调节 pH 值至 3.8～3.9,再浸泡 20～24 小时,每次加温、调碱后要翻动 2～3 次,出皮静置过夜。

⑪水洗:用常温水洗 3～5 分钟,然后控干。

⑫干燥:将皮板向上,平铺于清洁地面,晒至六七成干。再晒毛,毛晒干后,进行回湿,切忌皮板晾晒过干,以免皮板发生脆裂。

⑬回湿:用温水均匀地喷在皮板上,脊部皮可多喷些。皮板不要过湿或过干,回湿后静置过夜。

⑭整理入库:将鞣制好的皮拉软、铲皮、除尘后,经验收合格的产品入库。存放阴凉干燥处,并注意防霉、防蛀。

4．毛皮品质评定

(1)一般兔皮的商业分级标准

特等皮：具有一等皮毛质，面积在1110平方厘米以上。

一等皮：毛绒丰厚、平顺，面积在800平方厘米以上。

二等皮：毛绒略空疏、平顺，面积在700平方厘米以上。

三等皮：毛绒空疏或欠乎顺，面积在500平方厘米以上。

等外一：具有一等、二等皮毛绒、面积，带有伤残缺点，但不超过全面积的30％；或具有一等、二等皮毛绒，面积在444平方厘米以上；或毛绒略差于三等皮而无伤残者。

等外二：不符合等外一要求，但有一定制裘价值者均属之。

(2)兔皮的评定依据：衡量兔皮特别是兔皮品质好坏，主要依据是绒毛、色泽、板质、面积和伤残等。

①绒毛：评定兔毛皮品质最重要的是绒毛的丰厚度，平整度和针毛含量。丰厚度是指单位面积内着生的绒毛数量，除受品种遗传因素影响外，还受营养年龄和季节的影响。营养条件越好毛绒越丰厚；青壮年兔比老龄兔丰厚；冬季皮比夏季皮丰厚；北方皮比南方皮丰厚。平整度是指绒毛长短均衡程度；如果针毛多而突出于毛面，就会失去兔毛皮固有的特色。影响平整度和针毛含量的主要因素有营养条件和取皮时间。营养条件越差，则针毛含量越多。未经换毛的毛皮，其针毛含量往往高于经换毛后的适龄毛皮。

②色泽：对色泽韵基本要求是符合品种色型特征，毛色纯正、色泽光亮。

③板质：是指皮板质量而言。要求薄厚适中，质地坚韧，板面洁净，色泽鲜艳，被毛附着度牢固。青年兔适时取皮，板

质一般都比较好，老龄兔板质比较粗糙，过厚夏季取的皮皮板较薄，易破裂，绒毛也容易脱落。有的板质不好，是由于剥皮与加工不当，晾晒、贮存与运输不当造成的。

④面积：面积大小关系到皮张的利用价值，通常以原干板为标准，鲜皮、皱缩板在评定时应正确测量，酌情伸缩，撑拉过大的皮张一律降级或作次皮处理。

⑤伤残：伤残缺陷直接影响到皮张的利用价值。鉴别伤残缺陷时，应区分软伤与硬伤，伤残处数的多少，面积大小，分散还是集中等，全面衡量影响皮张质量的程度。

(3)兔皮的评定方法：主要通过看、抖、摸法来评定兔皮质。

看：就是一手捏住兔皮的头部，一手执其尾部，仔细观察其毛绒、色泽和板质等。一般先看毛面，后看板面。注意观察被毛的粗细、色泽、皮板、皮形是否符合标准，有无淤血、损伤、脱毛等现象。

抖：就是一手捏住头部，另一手执其尾部，然后用捏住尾部的一手上下轻轻抖动毛皮，观察被毛长短、平整度及绒毛附着度等。如果粗毛突出毛画或粗毛含量过多，均应降级处理；宰杀、剥皮、加工过程中处理不当或春、秋季节脱换毛期剥的兔皮，则会引起脱毛现象。

摸：就是用手指触摸皮毛，以检查被毛弹性。密度及有无旋毛，并用手指插入被毛，检查厚实程度。用嘴逆毛方向吹开被毛，使其形成漩涡中心，根据露出皮板面积大小评定密度，最好的密度为漩涡中心看不到皮板。一般臀部最密，背部次之。

5. 入库贮存

经防腐处理后的兔皮，往往因种种原因不能立即鞣制，须入库贮存。如果贮存不当，防腐处理再好的兔皮仍有腐败变质的可能。经防腐处理的兔皮必须按等级、色泽捆扎或装包分别存放。捆扎应毛面对毛面、肉面对肉面，头对头、尾对尾，叠置平放。同时，每隔 2～3 张皮放置适量樟脑丸以防虫蛀。贮存皮张的仓库应卫生、通风、干燥，最适温度为 10℃左右，最高不超过 30℃，相对湿度控制在 50%～60%，原料皮的水分应保持在 12%～20%。兔皮在贮存期间，应注意防霉、防腐。库房应留有一定的空间以利翻垛、检查。皮张应放置在离地面 15 厘米高的垫板上，堆与堆之间的距离应有 35～40 厘米，人行道不能小于 1.5 米。兔皮贮存期间，应每日翻堆检查 2～3 次。

第二节　出栏后的消毒

一批肉用兔出栏后必须移出兔舍内能移动的物品，并进行一次彻底的大清扫、消毒，做到无兔粪、无垃圾，以确保上一批肉用兔不对下一批肉用兔造成健康和生产性能上的影响，并保证足够的空舍时间。

1. 清理兔舍

所有可移动的设备和设施从兔舍内移出，如能移动的兔笼、各项工具等。然后要将不能移动兔笼中的粪便和地面的粪便清理干净，并清除舍内所有料槽内的剩料、灰尘、碎屑和蜘蛛网等，清扫后的垃圾运到粪场进行发酵处理。

2. 清洗兔舍

兔舍清扫干净以后要断开兔舍内所有电器设备的开关，用高压水枪或自来水将兔舍冲洗干净，应特别注意兔舍内屋梁的顶部、墙壁、下水道及口、各种支架、水管的冲刷。

兔舍外面也必须冲刷干净并注意地漏、沉淀池、工作间、饲料间、排水沟、水泥路面等部分的冲刷。

3. 清理笼具

将水、料槽从笼中拆下，将笼具彻底进行清洗、晾干，将挂在丝网上的兔毛用火焰喷灯焚烧掉，然后用2%火碱溶液进行喷洒，30分钟后用清水冲洗干净。

将水、料槽先用清水清洗干净，然后用0.1%高锰酸钾水溶液浸泡5～10分钟(为了增强消毒效果，可将溶液加温到40～50℃，然后用清水清洗干净。

4. 检修工作

维修兔舍设备、修补笼具和检修电路。设备至少能保证再养一批兔，否则应予以更换，损坏的灯泡全部换好。

5. 治理环境

清除舍外排水沟杂物；清除兔舍四周杂草，做到排水畅通。修理道路和清扫厂区，做到无兔粪、垃圾。

6. 兔舍消毒

把移出兔舍的设备和用具搬进兔舍。对开放式兔舍用2%氢氧化钠溶液进行喷洒，也可用0.1%百毒威、百毒杀等喷洒，喷洒消毒时兔舍所有表面、顶棚、墙壁、笼具都要消毒，30分钟后用清水冲洗干净。对密闭舍兔舍用熏蒸法进行消毒

（方法同进兔前的消毒方法）。无论是开放式兔舍还是封闭式兔舍地面都用3%热火碱水喷洒或撒生石灰。

间隔1天再消毒1次，空舍1周后再进下一批肉用兔。

7. 安装调试

安装并调试因冲洗需要而拆卸的设备和其他短时间使用设备，并仔细观察各种设备是否已完成维护，安装是否正确，同时数目是否准确等。

第三节　做好记录工作

每群肉用兔都应有相关的资料记录，其内容包括兔只来源地，饲料消耗情况，发病率、死亡率及发病死亡原因，消毒情况，无害化处理情况，实施室检查及其结果，用药及免疫接种情况，兔只发往目的地等（表6-1至表6-5）。

表6-1　肉用兔饲养记录表

配种日期	产仔日期	产仔数	断奶日期	断奶数	出栏数	备注

表 6-2　生产性能记录表

种兔系谱：

周龄	饲料消耗情况	周增重(克)	发病率	死亡率	备注

表 6-3　免疫记录表

日龄	日期	疫苗名称	生产厂家	批号、有效期限	免疫方法	剂量	备注

表 6-4　用药记录表

日龄	日期	药名	生产厂家	剂量	用途	用法	备注

表 6-5　发病和治疗记录表

发病名称	发病特征	用药情况	治疗结果	备注

附录　无公害食品
——肉用兔饲养管理准则

（NY/T5133—2002）

本标准由中华人民共和国农业部提出。

本标准起草单位：中国农业大学动物科技学院、中国农业科学院畜牧研究所。

本标准主要起草人：秦应和、杜玉川、顾宪红、潘文荣。

1　范围

本标准规定了无公害肉用兔生产过程中引种、兔场环境、兔舍设施、投入品、饲养管理、卫生消毒、废弃物处理、生产记录应遵循的准则。

本标准适用于生产无公害肉用兔的种兔场和商品兔场的饲养与管理。

2　规范性引用文件

下列文件中的条款通过本标准的引用而成为本标准的条款。凡是注日期的引用文件，其随后所有的修改单（不包括勘误的内容）或修订版均不适用于本标准，然而，鼓励根据本标准达成协议的各方研究是否可使用这些文件的最新版本。凡是不注日期的引用文件，其最新版本适用于本标准。

GB16548　畜禽病害肉尸及其产品无害化处理规程。

NY/T388　畜禽场环境质量标准。

NY5027　无公害食品　畜禽饮用水水质

NY5130　无公害食品　肉用兔饲养兽药使用准则

NY5131　无公害食品　肉用兔饲养兽医防疫准则

NY5132　无公害食品　肉用兔饲养饲料使用准则

种畜禽管理条例

饲料和饲料添加剂管理条例

3　术语和定义

3.1　肉用兔

在经济或体形结构上用于生产兔肉的品种(系)。

3.2　投入品

饲养过程中投入的饲料、饲料添加剂、水、疫苗、兽药等物品。

3.3　兔场废弃物

包括兔粪尿,病、死兔,垫料,产仔污染物,过期兽药、疫苗和污水等。

4　引种

4.1　生产商品肉用兔的种兔应来自有种兔生产经营许可证的种兔场,种兔应生长发育正常,健康无病。

4.2　引进的种兔应隔离饲养30～40天,经观察无病后,方可引入生产区进行饲养。

4.3　不应从疫区引进种兔。

5　兔场环境

5.1　兔场应建在干燥,通风良好,采光充足,易于排水的地方。

5.2 兔场周围1千米无大型化工厂、采矿场、皮革厂、肉品加工厂、屠宰场或其他畜牧场污染源。

5.3 兔场应距离干线公路、铁路、居民区和公共场所0.5千米以上,兔场周围应有围墙。

5.4 生产区要保持安静并与生活区、管理区分区。

5.5 兔场应设有病兔隔离舍,避免传染健康兔。

5.6 兔场应设有焚尸坑及废弃物储存设施,防止渗漏、溢流、恶臭等污染。

5.7 兔场内不应饲养其他动物。

6 兔舍设施

6.1 兔舍建筑应符合卫生要求,内墙表面光滑平整,地面和墙壁便于清洗,并耐酸、碱等消毒液,兔舍建筑能保温隔热。

6.2 兔舍内通风良好,舍温适宜,舍内空气质量应符合NY/T388的要求。

6.3 按兔体型大小和使用目的配置不同型号的饲养笼。

6.4 兔笼底网设计应防止脚皮炎发生。

7 投入品

7.1 饲料

7.1.1 饲料、饲料原料和饲料添加剂应符合NY5132的要求。

7.1.2 青饲料应清洁、无污染、无毒,晾干表面水分后饲喂。

7.1.3 根据兔的不同生长阶段,按照营养要求配制不同的饲料。

7.1.4 不使用冰冻饲料或被农药、黄曲霉毒素等污染的饲料。禁用肉骨粉。

7.1.5　使用药物饲料添加剂时,应执行休药期规定。

7.2　兽药使用

7.2.1　饮水或拌料方式添加的兽药应符合 NY5130 的规定。

7.2.2　育肥后期的商品兔,使用兽药时,应执行休药期规定。

7.3　防疫

7.3.1　防疫应符合 NY5131。

7.3.2 防疫器械在防疫前后应消毒处理。

8　卫生消毒

8.1　消毒剂

应选择对人和兔安全,对设备没有破坏性,没有残留毒性的消毒剂,所有消毒剂应符合 NY5131 的规定。

8.2　消毒制度

8.2.1　环境消毒

每 2～3 周对周围环境消毒 1 次。每月对场内污水池、堆粪坑,下水道出口消毒 1 次。兔场、兔舍入口处的消毒池使用 2%的火碱或煤酚皂等溶液。

8.2.2　人员消毒

工作人员进入生产区,要更衣、换鞋,踩踏消毒池,接受 5 分钟紫外光照射。

8.2.3　兔舍消毒

进兔前应将兔舍打扫干净并彻底清洗消毒。

8.2.4　兔笼消毒

用火焰喷灯对兔笼及相关部件依次瞬间喷射。

8.2.5　用具消毒

定期对料槽、产仔箱、喂料器等用具进行消毒。

8.2.6　带兔消毒

用消毒液喷洒兔体本身及周围笼具。

9　饲养管理

9.1　饲养员

应身体健康，无人畜共患病，并定期进行健康检查，有传染病者不得从事养殖工作。

9.2　喂料

9.2.1　青绿饲料不应直接放在笼底网上饲喂。

9.2.2　保持料槽、饮水器、产仔箱等器具的清洁。

9.3　饮水

9.3.1　水质应符合 NY5027 的要求。

9.3.2　饮水设备应定期维修，保持清洁卫生。

9.4　日常清洁卫生。

及时清扫兔笼粪便，保持兔舍卫生。

9.5　防鼠害

兔舍应有防鼠的措施，及时清除死鼠。

10　废弃物处理

10.1　兔场废弃物处理应实行减量化、无害化、资源化原则。

10.2　兔粪及产仔箱垫料应经过堆肥发酵后，方可作为肥料。

10.3　兔舍污水应经发酵、沉淀后才能作为液体肥使用。

11　病、死兔处理

11.1　传染病致死的兔尸或因病扑杀的死兔应按

GB16548 要求进行无害化处理。

11.2　兔场不应出售病兔、死兔。

11.3　病兔应隔离饲养，由兽医进行诊治。

12　生产记录

12.1　所有记录应准确、可靠、完整。

12.2　生产记录，包括配种日期、产仔日期、产仔数、断奶日期、断奶数、出栏数等。

12.3　种兔系谱、生产性能记录

12.4　各阶段使用的饲料配方及添加剂成分记录。

12.5　免疫、用药、发病和治疗记录。

12.6　资料应最少保留 3 年。

参考文献

[1] 肖光明．肉用兔养殖．长沙：湖南科技出版社，2005
[2] 王永康．无公害肉用兔标准化生产．北京：中国农业出版社，2006
[3] 翁长江，杨明爽．肉用兔饲养与兔肉加工．北京：中国农业出版社，2005
[4] 谷子林，刘伟．肉用兔快养90天．北京：中国农业出版社，1999
[5] 刘洪云，等．肉用兔科学饲养诀窍．上海：上海科学技术文献出版社，2004
[6] 建民，秦长川．肉用兔高效养殖新技术．济南：山东科学技术出版社，2002
[7] 邢秀梅，孙红梅，荣敏．兔高效养殖技术一本通．北京：化学工业出版社，2008
[8] 汪志铮．肉用兔养殖技术．北京：中国农业出版社，2003
[9] 权凯．肉用兔标准化生产技术．北京：金盾出版社，2006
[10] 高福平，洪浦桂．肉用兔高效养殖新技术．北京：北京出版社，2000
[11] 纪新武，陈树林．肉用兔生产技术手册．北京：中国农业出版社，2000
[12] 林和官，等．肉用兔快速饲养．福州：福建科学技术出版社，2000